创造力 II

开启创造力的100个法则

——捕捉灵感并付诸实现

（英）于尔根·沃尔夫　著

孙琳　译

Creativity

Get inspired, create ideas and make them happen now !

Jurgen Wolff

東北財經大學出版社
Dongbei University of Finance & Economics Press

大连

ⓒ 东北财经大学出版社　2011

图书在版编目（CIP）数据

开启创造力的 100 个法则——捕捉灵感并付诸实现／（英）沃尔夫（Wolff, J.）著；孙琳译 . —大连：东北财经大学出版社，2011. 10
（创造力·第Ⅱ辑）
　书名原文：Creativity：Get Inspired, Create Ideas and Make Them Happen Now！
ISBN 978-7-5654-0542-6

　Ⅰ. 开…　Ⅱ.①沃…②孙…　Ⅲ. 创造能力-能力培养　Ⅳ. G305

中国版本图书馆 CIP 数据核字（2011）第 174783 号

辽宁省版权局著作权合同登记号：图字 06-2010-460 号

东北财经大学出版社出版
（大连市黑石礁尖山街 217 号　邮政编码　116025）
教学支持：(0411) 84710309
营销部：(0411) 84710711
总编室：(0411) 84710523
网　　址：http：// www. dufep. cn
读者信箱：dufep @ dufe. edu. cn

大连图腾彩色印刷有限公司印刷　　　　东北财经大学出版社发行

幅面尺寸：170mm×240mm	字数：95 千字	印张：16 3/4	插页：1
2011 年 10 月第 1 版		2011 年 10 月第 1 次印刷	

责任编辑：刘东威	责任校对：毛　杰
封面设计：冀贵收	版式设计：钟福建

ISBN 978-7-5654-0542-6

定价：36.00 元

书籍能使你的生活更加美好。它们不但可以使你成为心灵更加美好的人，也可以使你做得更好、感觉更好。无论是你想提升你的个人技能，还是想改换工作；无论是你想提升管理技巧，成为一名更有能力的沟通者，还是想在工作中获得更多创意或灵感，书籍都会使你受益匪浅。

本书的作者于尔根·沃尔夫是一位非常有创造力、有思想的作家，他善于发掘新想法并且把它们付诸实现。在本书中，他不仅教授我们如何开发自己的潜力，如何寻求更好的合作伙伴，如何寻找灵感，还教授我们如何实现自己的梦想，如何使我们的创意付诸实践，产生效益。

感谢本书图片提供者张智波编辑，有关图片使用请 e-mail 至 zzzbbb05@ sina. com。

相信阅读本书一定会使你心潮澎湃，跃跃欲试……

译者

2011 年 6 月 6 日

仅以此书献给琳达·瑞安和克里斯·维京，他们伟大的创造力是激励其家人和朋友们的爱的源泉。

目 录

1

第2部分　实践篇 / 61

3

后　记　／257

第 1 部分

梦 想 篇

有时候你觉得有了灵感，有时则没有。
有时你才思泉涌，有时又踪迹皆无。
为什么要让创意时断时续呢？
在这一章里你会找到 25 种方法引导自己进入新想法的
情绪状态。

1

追寻巴洛克

音乐会激发你的创造力

音乐或许对于"开化野蛮人的心胸"有魔力，或许没有，但是它的确对于激发僵化的大脑有作用。

研究表明，巴洛克音乐的节奏与脑波同步，都是每秒钟 60 拍，这种轻松的原始状态经常与创造力联系起来。试着听一下维瓦尔蒂的《四季》或者帕海贝尔的《D 大调卡农》和巴赫的《G 弦上的咏叹调》。

当你在做研究的时候，聆听不同曲风的音乐会对你的情绪产生不同的影响，这对你很有裨益。

当你感觉到有压力，没有创造力源泉时，你可以听一些轻松的音乐或者格里高里颂歌。在这一点上，我推荐你听听 J. J. 凯尔的音乐。

如果你精力不足，那么就开大音响，听一些摇滚乐可能会使你的大脑产生思想火花，或者试着听一些克里登斯清水复兴合唱团的音乐。

为了使心灵进入"解决问题"状态，你可以选择一些欢快的音乐。一项多伦多大学的研究表明，经过积极的思考和聆听欢快的音乐，自愿者们能更好地完成"字谜方块任务"的挑战。这也是人们倾听《妈妈我要嫁》音乐大碟的另一个原因。

你可能甚至想自己刻一张你做不同的创造性活动时听的音乐大碟。俄罗斯小说家鲍里斯·阿库宁在《华尔街日报》上撰文说：他在开始写作前，要听五分钟或者十分钟的音乐，以便让自己进入合适的思绪。对于悲伤的情绪，他最喜欢听马勒的音乐；对于脆弱的情绪，他推崇早期的披头士音乐。

还有一种方法，你可以把音乐加到你的创造性工具箱里，等待着一直到你自然地有了创造性的情绪，然后放上你平常不常听的一支歌或者一张音乐专辑来延续这种情绪。像这样单独做上两三次，每次都用同样的音乐。

此后，当你感到没有了创造力但又想拥有的时候，播放音乐，大脑会通过联想产生创造性的情绪。

网站奖励

登录 www. jurgenwolff. com 网站，点击"Creativity Now！"按键，奖励 1 是一个带音乐的可视化指导，可以给予你创造性思维的能量。

法则

走出去

一次短暂的休息有助于产生新想法

我们都有过这样的想法，想要逃离日常工作或者重新恢复自身精力，找到更多新点子。

不幸的是，我们不可能在每一次需要充电时都花两周到一个热带小岛上去度假。

但幸运的是，我们同样也不用走太远。以下就有 6 种方法可以尝试：

1. 去公园。满目的翠绿，新鲜的空气可以立即帮助你转换到不同的思考方式中。即使在午休时分在公园里散散步也会很有帮助。

2. 试试气浮池。在许多城市里有这样的设备，你可以漂浮在一个池子里，里面充满了盐水，温度同体温相同，没有一丝光线和声音。经过短暂的感官迷失后，你的心灵就会放松下来。

3. 创造一种"自己动手"的漂浮方式。如果你找不到或者不想花钱去做"气浮池"的话，把你的浴缸放满水，戴上眼罩，长久地泡一泡。如果周围太吵的话，戴上耳塞或者放上舒缓的音乐。

4. 找一家生意不太好的咖啡店做你的工作。他们会很感激你的光临，你也会拥有一个有别于你日常工作环境的安静的氛围。我偶尔会待在一家小酒馆里，他家的服务一团糟，除了我以外，没人愿意去。

5. 去图书馆或教堂。这两处都是你可以逃离喧闹的天堂。如果你在机场感到压力过大的话，找一间礼拜堂或者祈祷室——在那儿可能你没法使用你的手提电脑，但是你可以坐下来静静地思索。

6. 跟朋友们交换住几天。人们常在出去度假时相互交换住处，那么为什么不在周末时也跟朋友们交换住几天呢？即使他们就住在附近，环境的不同也有助于你走出平淡。

3

记得如何玩耍

玩耍时最有创造力

毕加索曾经说过："每个孩子都是艺术家。问题在于你长大成人之后能否继续保持艺术家的灵性。"创造力也同样如此。

艺术家高登·麦肯兹在他的精彩著作《巨毛团的运行轨迹》一书中提到他怎样常去美国的学校，询问那里的孩子们他们中有多少人是艺术家。6 岁大的孩子们都举起了手。到三年级，也就是 10 岁大的孩子们时，只有 1/3 的孩子举起了手。当问到 12 岁大的孩子们同样的问题时，一组 30 个孩子中，只有 1 ~ 2 名孩子犹犹豫豫地举起了手。

为了找回孩提时自然存在的创造力状态，我们就不得不做他们所做的事情——玩耍。

玩耍可以是任何形式的。当伟大的心理学先锋——荣格，一旦感到自己迷失了方向时，他就会进到花园里玩小石子。

玩耍最重要的是要有自己的目的。如果你想画一幅画，一定要享受画画的过程，而不是试图创作出其他人羡慕的作品。事实上，如果你事先决定你的游戏形式就是画点什么的话，这就是一个好主意。当你画完时，你可以毁掉它或者至少是不给别人看。

你是否很长时间都不知道玩什么了呢？以下一些方法也许可以帮助你：

◎ 在一张纸上随手涂画，然后把你涂画的东西变成人物或物体（记住：这不是艺术，这只是在玩耍——不需要艺术上的完美）。

◎ 玩一个你孩提时喜欢的纸牌游戏，或者自创一种纸牌游戏。例如，一次翻开一张牌，如果能把四张红桃排成一排的话，你就可以吃张松饼。

◎ 买一个悠悠球。

◎ 拿些橡皮泥捏些人物。如果你对某人很生气的话，拿些大头针施橡皮泥巫法。

开启创造力的 100 个法则

◎ 走在大街上，把自己想成是自己最喜欢的超级英雄，幻想自己去解决一些小危机。看，超人！那名司机不顾斑马线上的行人，用你眼中发出的炙热射线把他的轮胎融化！

◎ 跟个孩子一起待段时间——可以是你的孩子或者你朋友的孩子——找出他们想玩什么，加入其中，按照他们的规则玩！

网站奖励

登录 www.jurgenwolff.com 网站，点击"Creativity Now！"按键，奖励 2 是一系列可以让你玩耍的游戏。

4

为什么? 做什么? 什么时候? 在哪儿? 怎么做?

答案在问题中

如果你曾经跟个小孩一起待了段时间，你就会知道他们很喜欢问问题。特别是"为什么?"（或者，更准确地说是"为什么!!!???"）这样的问题。

这也许会令你发疯，但是也反映出当我们长大后，好奇心和学习的欲望越来越淡薄了。再次唤醒它们的方式就是大量问问题。

作为一名成年人，我们通常把解释"为什么?"当成是一项挑战。如果你改变心态，仅仅把它当成是一种促进学习的动力，它就会变成一种能使你敞开心灵、获取新创意的好方法。

但是不要仅仅限于问"为什么?"这类问题——试试更多问题，如"为什么不?"，"做什么?"，"什么时候?"，"在哪儿?"，"怎样做?"等等。

这不是去寻找实际上的答案，而是一种探索更多可能性的方法。

例如，假设你要走到你最喜欢的咖啡店去喝杯卡布奇诺，在路上，如下的这些问题也许会蹦入你的脑海中：

◎ 为什么我总是走这条路去咖啡店?

◎ 还有另一条路可以使我看些新景色吗?

◎ 为什么那个女人像那样笑? 她的生活中发生了什么事?

◎ 为什么我不在那家花店买束花给我最重要的人呢? 或者是给我自己? 或者是给我遇见的下一个人呢?

◎ 今天我可以换哪儿去喝杯咖啡呢?

◎ 从这儿到咖啡店之间会有多少人在打手机呢? 大多数人都在谈论些什么呢?

你什么时候开始问更多的问题呢? 当你开始问问题时，你又在哪儿呢? 你会有哪些新想法呢?（我不问了，该你了。）

法则

5

创建你自己的空间

专辟一个空间帮你酝酿创造情绪

我希望你能像我一样，拥有一间很棒的家庭办公室或者书房，有一排排的书架，有许多梯子，其中有一架梯子还有自己的滑行轨道。有一个炉火熊熊的壁炉，可以看见泰晤士河的景色，当然还要有一名男仆，当他感觉到你的创造力消退时会给你端来一杯巧克力。

好吧，我撒谎了。我看不见泰晤士河的景色。

我也没有其他的一些东西。目前我很幸运，拥有一间不错的家庭办公室，但是关于其他几点我就没有这么幸运了。我只能在客厅的窗前放一张书桌，而且是一张小桌子，一旦下雨，上面就会雨水横流。

很明显的，有些装备就比没有强，但重要的是：你应该获得一个空间，不管是大还是小，它都是你的，只是你一个人的。

要是你只有条件在厨房里安个电脑桌的话，那也没关系，但是要避免孩子们或其他人的打扰。把你的领地装饰上能刺激你创造力的物品（我会在下一篇文章中详谈此点）。如果你想养植物但又没有足够的空间的话，那就养盆小仙人掌（这也可以防止猫在你的书桌上安家）。

宜家等一些商店出售很容易折叠的书桌，占用空间很小。你可以轻而易举地建造出一间袖珍办公室。可含有一台笔记本电脑、一些笔记本、一本折叠式文件夹、一些带画框的图片，你可以把它们放在工作间表面（像厨房餐桌）上。

无论奢华还是简朴，请记住：你有权拥有自己的创作空间。坚持这一点。

法则

6

选用合适的装饰品

你周围的图片和物品能够刺激你的创造力

你是否已经在你的创造空间里布置好图片、物品和各种色彩，使自己获取足够的创造力呢？

如果还没有，那需要怎么做呢？

通常，我们都会想到一些稀奇古怪的小玩意。在我的家庭办公室里就有一些：一个弗兰肯斯坦①头像；一个大的霍莫·辛普森②的橡胶像，后背背着个大圆环；一些来自于《圣诞节前的噩梦》里的人物；一个正在跳入装满钱币的浴盆里的守财奴叔叔的石膏像。

你还可以参考以下想法：

◎ 选用植物和鲜花。

◎ 选用海报和明信片。

◎ 选用一面粘在电脑上的后视镜。

◎ 选用自己制作的、有启发性的文字卡片。

◎ 选用一个能代表你梦想的物品。

颜色也很重要。我的办公室主要是两个色调：红色和黄色。你也许愿意选择更素雅的色调。

出于视觉效果，我愿意选择那些你经常可以在咖啡店、酒吧或者健身房的架子上看到的美术明信片。它们大多数都有各类有趣的图片，每隔一两天我就会在桌子上放一张新的。如果你愿意，你也可以在艺术品商店或者书店里购买一些艺术名品的明信片。

经常改换这些东西很重要，因为即使最能带来灵感的图片或物品，在你的天天观赏下，也会失去它的魅力。

---

① 英国诗人雪莱的妻子玛丽·雪莱在 1818 年创作的小说《科学怪人：弗兰肯斯坦》中的人物——编辑注。
② 美国福克斯广播公司的一部动画情景喜剧《辛普森一家》中的人物——编辑注。

　　还有个选择也能增加你的惊喜：跟一个有创造力的朋友进行物品交换，那样每个月你们两个都会互换半打的图片或物品，会给自己带来更大的创造力。

7

做一名街头梳理者

搜寻有趣的物品并且找到它，拍下它

在"2008 世界创造力论坛"上，荷兰的创新和策划经理人理查德·斯特姆珀曾提议说：要想拥有创造力，你应该尝试做"街头梳理"的工作，这就像做"海滩梳理"一样，但是是在街头进行。就像是海滩梳理者们在海滩上徘徊，寻找有价值或者有趣的物品一样，街头梳理者们在街道上做相同的事情。街头梳理者们会把任何他们感到有趣的东西拍摄下来。

做街头梳理工作，首先需要在城市中找一个有许多新商店、许多步行者和许多年轻人的地方。什么东西会吸引你的注意力呢？可能是一个签名，一幅商店橱窗的展品，一个带着有趣表情的时装模特，一份出售广告等等，可以是任何东西。

在做街头梳理时要避开你自己的喜好，否则你就是在浪费时间，找不到真正有趣的东西。

街头梳理的过程不是如何使用这些图片。在下一章节里我们会讨论如何把这些照片与创造灵感联系在一起，但是现在，请就悠闲地享受街头闲逛的过程吧！寻找新奇事物并且拍照下来的过程会令你心情放松，愉悦不已。

网站奖励

登录 www.jurgenwolff.com 网站，点击"Creativity Now!"按键，奖励 3 是一组我在街头梳理时拍下的照片。

法则

8

运动起来

运动不仅锻炼身体，也锻炼大脑

《英国运动医学杂志》引用的一项研究报道表明：运动既能够改善情绪也能够提高创造力。而另一本《创造力研究杂志》中也有文章确认：无论是在运动后马上还是在运动两个小时后进行测验，创造力都会有提高。

哪类运动最好呢？研究表明："适度的有氧运动"最有效果——换句话说，那些能够使你心跳加速，但又不用气喘吁吁的运动最好。这类运动可以包括：快走、慢跑、使用健身器械、爬楼梯或者连续不停地大口吸气呼气等等。一些有创造力的人们喜欢练习普拉提或者瑜伽。

作家丹·布朗找到另一种可以加速自己血液流动的方法：用一双重力鞋把自己头朝下吊起来。你可以把脚塞到鞋里，然后像个蝙蝠一样吊起来（鞋可以钉在书房的门框上）。最费力的步骤是如何吊起来，尽管你可以在吊起的时候做些运动。其他著名的尝试者还有电影《蝙蝠侠》中的蝙蝠侠布鲁斯·维诺；《美国舞男》中的理查德·吉锐和乌利·吉勒等。

许多年前我也试过一次。唯一的感觉就是我的眼球要蹦出来在屋子里乱窜。也许多吊一会儿我就会写出《达·芬奇密码》，会变得非常非常有钱。

当然，许多不太古怪的方法也能带来很好的效果。在场地里跑几分钟，骑固定自行车，在最近的楼梯上跑上跑下都会使你的血液流动加速，给大脑提供更多的氧气。

无论你做什么运动，经常性地动一动，你就会发现自己的创造力和健康在同时提升。

21

9

摒弃你的固定思维模式

你不能做不意味着其他人也不能做

针对一个创意，我们经常不会思考更多，因为我们的思维会立即转向该创意的实用性。如果这种方法我们自己不能做，我们就会不再考虑它。

大多数情况下，我们训练自己，使自己不再扩展思维。

这与实际上我们应该做的恰恰相反。至少在开始时，我们应该允许自己拥有更大的目标，它被作家詹姆斯·科林斯和杰里·帕里斯称为"大哈里大胆的目标（big hairy audacious goals）"，简称 BHAGs。

如果有个方案的某一部分你做不了的话，接下来你很容易会找到其他人完成（在后面"外包"一文中我们会讨论更多细节）。

当你又想出一个"馊主意"时，你要这样想会更好："我知道这个想法会被实现，我需要做的是找到最简单、最有效的实施办法。"

从现在起，随身带一个"创意本"，可以是折叠的或装在盒子里的。每一次你有创意，特别是一个"大哈里大胆的目标"时，赶紧把它写下来，不要考虑它的好坏或者能否实施。你记下的想法越多，你的想法就会越多，思维也就会越顺畅。

网站奖励

登录 www.jurgenwolff.com 网站，点击"Creativity Now!"按键，奖励 4 是来自于我的 BHAGs 杂志的几页内容。

法则

10

你不会被逮捕

克服"骗子综合征"，释放你的创造力

许多人都患有"骗子综合征"，担心他们不能胜任或者配不上他们已经取得的成功。终有一天，他们会被发现，会被剥夺工作或者名望，即使实际上他们没有被捕获。

例如，成功的音乐家莫比曾告诉（伦敦）《时代》杂志说："我从未真正相信我获取了多大成功。我感觉这一切都是欺骗、空想，很容易一瞬间就被带走。"

谈到获得的奥斯卡奖，女演员朱迪·福斯特告诉《新闻60分》说："我猜大家会看到，他们会收回我的奥斯卡奖。他们会到我家，敲敲门说：'对不起，我们打算把它给别人，给梅丽尔·斯特里普。'"

我没有编造"骗子综合征"这个名字——它是一种现象，已经被研究了好多年，也有好几本相关的书籍。瓦莱丽·杨博士曾领导一间工作室帮助 30 000 多人解决如何克服这个问题。她说有 70% 的人宣称自己有一次以上的经历，感觉自己的成功是一场骗局（在她的网站 www. impostersyndrome. com 中，你会发现更多相关信息）。

也许这种恐惧至少是部分来源于有一天我们感觉长大了，能够控制一切的期盼，就像是我们的父母假装能做到一切一样。一旦我们做不到，我们就会觉得是哪儿出问题了。

就是这样，这就是人类。

当我们感觉自己像一个骗子时，就会产生焦虑，阻塞我们的创造力。如果这是你的一个问题的话，克服它的第一个步骤就是要明了世界上大多数的其他人也在忍受这种痛苦。如果我们都是骗子的话，你会发现很少有别人例外。

网站奖励

登录 www. jurgenwolff.com 网站，点击"Creativity Now！"按键，奖励5是一个有趣的真实骗子的画廊。

© 张智波 2011

法则

11

编造一个故事

编造故事能够预热你的大脑

锻炼思维最好的方法是展开联想。对于创造性思维来说最好不过的就是编故事。随便从下面每个列表中找出一项，那么你现在会有**两个人物，一种情绪，一个场景**。

花 60 秒钟把他们穿在一起编一个故事。如果故事不错，把它写下来寄给乔治·卢卡斯，因为他正是如此写出《星球大战》的。① 否则，就用它们来预热一下你的大脑吧。

第一人物	第二人物	情绪	场景
警察	护士	嫉妒	小酒馆
外星人	会计	羡慕	伦敦之眼
花匠	医生	贪婪	沼泽
学生	歹徒	复仇	医院

例如，让我们随便选择花匠、歹徒、复仇和伦敦之眼。我们的故事可能这样开始：一名富有歹徒的**花匠**偷听到他的计划：要偷取国家美术馆的极有价值的艺术珍藏。花匠敲诈了**歹徒** 10% 的收益。带着这笔钱，这位前花匠开始独自生活。一位美女结识了他，并且建议他们一起乘坐**伦敦之眼**，这样他们可以有空间干点"坏事儿"。花匠同意了，但是当他们的阁箱升到顶端时，女人把花匠推了出去——这是伦敦之眼上发生的首例死亡案件。我们得知美女是歹徒的女朋友，她是前来**复仇**的……这是因果报应！好吧，这也许不是一个好故事，它就是一个练习。

该你了！

---

① 这是我编造的。

法则

12

跟爱迪生一起去钓鱼

假装繁忙会使你有时间思考

爱迪生是所有的创造力大师中最伟大的人物之一，是一个孜孜不倦追寻革新和突破的伟人。他也是一名劲头十足的钓鱼人，而且（当然地）发明了一种钓鱼竿。

詹姆斯·纽顿很了解爱迪生本人，他曾经写道："当爱迪生遇到一个特别难的问题时，他就会带着他不断扩展的知识、钓竿、渔线和鱼钩去码头钓鱼。"

爱迪生经常在回来时两手空空，后来他揭示了原因。他写道："因为是我的钓鱼时间，我的工作人员不会打扰我，而我不用鱼饵，鱼儿也不会打扰我！"

为什么还要麻烦带着钓具呢？为什么不就只是安静地坐在那儿思考呢？因为如果别人看见你就坐在那儿，明显没事儿干，他们就会想当然地认为可以和你聊聊天或者你可以帮助他们解决某个问题。大多数人从来不会想到你可能是在思考。

因此，做点表面的活动。坐在那儿，眼前打开一个笔记本，手里拿支笔也许就足够了。要不也可以对着袖珍棋盘深思或者假装发短信，然后你就可以独自进行真正的活动——在内心思索。

法则

13

运用智力机器

传输你的脑电波能使你处于创造状态

以不同频率发射的脑电波和不同思维活动的敏捷状态有关。

贝它波与正常的专注和敏捷度有关。

阿尔法波与深度放松和创造力有关。

西它波与半梦半醒状态有关。

代尔塔波与深度睡眠有关。

当脑电波变慢时，大脑两个半球之间的同步性就会增长。一个引导你的脑电波向期望频率发展的方法就是"娱乐"。这个方法从根本上来说就是，当一系列的乐音和闪烁的灯光可能会跟你的脑电波频率吻合，尔后再改变节奏，你的大脑也会随之而行。

主要设备有：头戴式耳机、里面有发光管的深色眼镜，一个控制器。可以设定成不同的阶段、不同的时间，主要决定于你是用来使自己放松还是用来使自己兴奋。你可以舒舒服服地躺下或者坐着，闭上眼睛（发光管在你的眼皮上闪烁）。

尽管正式的研究表明其效果有限，但是许多人都发觉此法有用。在第五频道的"Gadget Show"节目中，一种名为"曼德斯帕"的治疗模式战胜了其余两种手段当选。我使用一种叫做"斯瑞尔斯（Sirius）"的基本模式来倒时差或者减轻压力，以及在睡眠不足时恢复精力。

但是由于不停地闪光，这类机器不能适用于癫痫病、大脑受损、视觉光敏感、视网膜黄斑变性等疾病患者。如有任何疑问，请一定首先咨询医生。

在英国有许多商店都可以买到此类设备，你也可以登录网站www. meditations-uk. com 购买。其价格约从 99 英镑到 275 英镑不等（我用的就是最便宜的一种）。如果你没时间或者没耐心做传统的冥想的话，运用智力机器可以使你缩短时间，放松心情，提高注意力和创造力。

网站奖励

登录 www. jurgenwolff. com 网站，点击"Creativity Now！"按键，奖励 6 是近距离观赏我的智力机器以及我如何使用它。

33

14

找到一名良师益友

通过模仿你最喜爱的天才，你可以变得更有创造力

如果你能从托马斯·爱迪生、莱纳斯·鲍林、史蒂夫·乔布斯、理查德·布兰森、斯蒂芬·霍金、亚伯拉罕·林肯、玛利亚·居里、尼古拉·特斯拉、文森特·梵高或者其他你喜欢的天才身上学到东西的话，不是一件大好事吗？

也许由于他们太忙或者已经去世，你没法接近他们，但是对于每个领域的每个天才都有大量的记载。在许多事例中，你都不仅能找出影响他们的因素，还可找出他们的思考过程。像是迈克尔·盖尔布所著的《像列奥纳多·达·芬奇一样思考》，罗纳德·格罗斯所著的苏格拉底式的《最大限度运用你思维的七大关键因素》都是此类书籍。

你会发现许多在某个领域里非常伟大的名人在实际生活中并不令人称道。但是没关系，你无需模仿他们整个的生活，只需模仿你感兴趣的那部分生活即可。

在你阅读这些名人所写的书籍或者写他们的书籍时，请记住以下问题：

什么使他们富有创造力？

他们问了什么样的问题？

他们克服了什么样的困难？他们从中学到了什么？

当他们的想法被嘲笑或者被讥讽时，是什么使他们坚持不懈的？

他们所做的事和你想做的事之间有什么共同之处呢？

最好的老师总是那些已经做过你想做的事情的人们——那么，为什么不让那些伟人帮助你获取正确的思维框架呢？

15

敢于做白日梦

> **做白日梦是获取创造力必不可少的部分**

几乎每一项令人称道的发明或发现在它现世以前都会出现在白日梦中。然而从孩提时代起，我们就被告知做白日梦就是在浪费时间，是种坏习惯，是懒惰的表现。是的，做白日梦要看时间和地点（例如，在开车或者操作机器时做白日梦就不是一个好主意），但是如果你想把大脑变成一个创造力工厂的话，做白日梦就是一项重要技能。

白日梦对于想象结果最为重要。例如：当你解决了一个问题时，事情将会如何发展；你创作的一件艺术品的成品是什么样的等等，都可以用你的创造力表现出来。

在此类白日梦中，你不会遇到任何障碍，没人会取笑你的想法，也无需自我怀疑该主意的可能性和可实践性。你可以自由自在地想象你的计划或观点最完美的形式。

喜剧演员史蒂夫·怀特曾经说："我一直在尝试做白日梦，但是我的心灵在不断地徘徊。"当然他在开玩笑，但是其中也有真实之处。太多时候，也许记住了某位严厉的老师，我们一直避免自己做这种不切实际、浪费时间的举动。

不要逃避它！沉浸其中，尽情探索吧！

最终（运用本书下两章里谈及的方法）你会找出一些创意，它们会令你集中精力，然后尝试如何实现。但是目前你的任务就是放松心灵，沉浸于梦想当中。

法则

16

记下你夜晚的梦境

你的梦境是创造力滋生的温床

有许许多多的发明家、作家和其他伟人在夜晚的梦境中产生了突破性的想法。

玛丽·雪莱就是在梦境的启发下写出了小说《科学怪人：弗兰肯斯坦》。

化学家弗里德里希·凯库勒梦到了苯分子的结构式。

发明家艾利司·哈维正是梦到了如何改进他的发明——缝纫机的设计方案，才使得他的缝纫机能够正确的运行。

英国小说家罗伯特·路易斯·斯蒂文森梦到了《化身博士》的情节。

《昨天》的曲调也是在睡梦中闯入保罗·麦卡特尼的脑海中的。

无怪乎斯蒂文森说梦境是发生在"大脑的小舞台上，我们整夜都在观看演出。"

当然，大多数的梦境不会都使人产生突破性的想法，但是即使最常规的梦境也可能给你的潜意识带来一些好点子。如果你记不住或者不能写下来的话，这些信息和灵感就会被浪费了。

如果你不认为自己经常做梦或者你记不住梦境的话，你可以试试以下的这个简单的程序：

1. 在床边放本便笺簿或者日记本和一支钢笔。

2. 睡觉前，告诉自己你会记得你的梦境。

3. 当你醒来时，记下你所能记起来的每一个细节。刚开始你可能只能记得一小点，不管怎样，写下来，坚持下去，你会记得越来越多。

4. 每晚都做，甚至在小憩时也要如此。

也许有一天你会发现你的成功也会来自于梦想。

法则

17

改变你内心爱挑剔的毛病

**你内心苛刻的挑剔者可以变成一个
有建设性的内在向导**

大多数人的内心都有一位苛刻的挑剔者。它可以以各种形式出现：头脑中的声音，胃口或者其他部位疼痛的感觉，某种东西的视觉图像等等。

当你信心百倍、兴奋异常，想尝试些新方法时，它就会跳到你的脑海中。它通常传递给你这样的信息：

"什么使你认为你能这样做呢？"

"这以前从来没人做过——肯定有充分的理由！"

"你会搞砸这件事就像你搞砸大多数事情一样。"

"没人想这么做。"

换句话说，它会带给你负面的信息，这些信息远比任何你说给朋友们听的信息更加刺耳。像一位过分保护孩子的父母一样，它试图保护你，使你免于"失望"，"被拒绝"等情绪的伤害，但是正是这种"保护"的过程使你无法成功。

是时候了，把你内心苛刻的挑剔者变成一个有建设性的内在向导吧，它知道该什么时候插嘴（不像挑剔者，经常出现得太早了，把好主意扼杀在萌芽状态中）。

开始想象你内在的有建设性的向导会像什么样子吧，想想声音、感觉、外表。要有强烈的感觉它会在什么时候、怎样给你反馈。然后，当下一次你内心的挑剔者蹦出来时，把它想象成你所想的建设性向导。这位向导也许会选择沉默，也许会有一个特殊的建议，也许它只是给你一个鼓励。

你内心的挑剔者开始也许比较顽固，但是如果在它每次出现时你都转换它，最终它会屈服，让位给你内心的向导。随之而来你自然就可以自由自在地畅想。

网站奖励

登录 www.jurgenwolff.com 网站，点击"Creativity Now!"按键，奖励 7 是一个音轨，讲述关于内心的挑剔者的更多信息以及如何转化它。

法则

18

重新捡起纸和笔

把动手与大脑思考相结合会更加刺激创造力

你有多久没有动笔写东西了？大多数人都很久没有动笔了，对于年轻的一代人来说这更是一门将要失传的艺术。即使是传统上的"考试时递纸条"也变成了用手机发短信。但是也许是因为我们获得了方便和快捷，我们失去了所谓的手和大脑的直接联系。

山姆·安德森在《纽约》杂志上的一篇文章中这样写道："书写使我们同文字之间的关系更加紧密。"

诗人罗伯特·格雷维斯评论说："一名真正诗人的书法同他个人性格紧密相关。"

你不必成为一名诗人来体验这种关联。

在你思考新点子时体验一下使用纸和笔的感觉。不必使用你在学校里学到的正规的写作方法，像是罗马字母标注的写作大纲之类。试着运用心灵地图（具体见下章）或者你自己的方式记录下你的思想。你可以随便涂画，用彩纸或彩笔甚至可以把杂志上的图片剪下粘贴起来。

通过重新捡起纸和笔，你会发现自己返回到了孩提时代，可以兴致勃勃地运用文字和图片发掘新点子，新点子也会轻松而至，甚至你都没有注意到它降临的过程。

19

用事实充实头脑

你的思维需要事实来帮忙培育好主意

　　创造力标准的定义包括根据已存在的想法参照事实产生新想法。

　　在你愉悦地获得新创意之前，你必须拥有大量的事实在你的脑海中盘旋。最普通的模式是尽可能大量地学习，然后全部忘记所学内容一段时间。很多时候在第二个阶段都会出现"我想到了！"的惊呼，当你停止思考时，突破性的想法会不期而至。很明显，新创意产生之前要有一段孕育期。

　　但是在第一阶段，重要的是要区分事实和信仰或者假想之间的关系。伽利略研究行星的运行，但是他对于"地球是宇宙的中心，太阳、月亮和星星都绕着地球运行"这种假想提出了异议。他意识到这种信仰根植于宗教，而不是科学。

　　他被称为"观察天文学"之父，因为他的结论来自于他的观察而不是道听途说。这使他成为现代有创造力的伟大代表人物之一。（即使在他生命中的最后时间里，他一直在家中整理《罗马启示录》，但谁说创造之路是一帆风顺的呢？）

　　因此当你贪婪地吸取所在领域里的大量事实时，切勿吞下暗藏其中的假想。整理好你的头脑，放松心情，让你的潜意识开始工作……等着新主意在你最意想不到的时候跃入脑海吧。

法则

20

小 憩

小憩一小会儿会让你头脑清醒，更有创造力

西班牙人、希腊人和意大利人很久以来就知道：下午小憩一会儿非常好。

美国宇航局的一项研究证实小憩 26 分钟后，会有 34% 的人成绩提高。（你是否注意到调查数据总是来自于奇怪的数据？）

小憩专家萨拉·C. 迈德妮可（《小憩！改变你的生活》一书作者——这可不是我编的）说：不同时间长度的小憩会带来不同的效果。要想提高敏捷度，试试 20 分钟的小憩；增强记忆力，小憩 40 分钟；提高创造力，安睡 90 分钟。一些商人们甚至开辟了"能量间"以便他们的员工可以休息 40 分钟。思科公司就是如此。它的一个工程师，维娜雅克·苏丹穆告诉《纽约时代》，说 10 ~ 15 分钟的小憩会帮助他神清气爽、劲头十足地回到工作中。

好消息是你在家里已经拥有了一个"能量间"，它就叫做"床"。

你有小憩时间长度不同带来效果不同的经验吗？我发现小憩 20 ~ 30 分钟后，我就可以头脑清醒地返回到工作中；但是如果我睡了 30 ~ 45 分钟的话，醒来时我就会浑浑噩噩。90 分钟的安睡会令你很舒服，但是对大多数人来说，每天白天挤出 90 分钟睡觉不太现实。

小憩应该是夜晚睡眠的补充，而不是替代（充足睡眠多数情况下是 7 ~ 8 个小时）。但是当你发现你的脑动力开始消退时，最好的选择不是继续刻苦奋斗 20 分钟，而是短暂休息，小憩一会儿。

法则

21

持有"文案模板"

借鉴已有的成功案例也是拥有创造力的捷径

从事广告业的人们都会持有一个"文案模板",就是各种实效广告的集合体——用以寻找灵感。

你的文案模板应该包含各种好点子或者事例,应该来自于你的研究领域或者你感兴趣的其他领域。从后者中你很可能找到最好的主意,而且从来没有在你的领域中使用过。

可以写在你文案模板中的东西包括:

◎ 报纸或者杂志的剪报。

◎ 吸引你注意力的印刷广告。

◎ 你记录的特别有效果的广播或电视广告。

◎ YouTube 或其他视频网站上的录像片。

◎ 你用来做标记或窗口展示的图片。

◎ 你从博客上下载的帖子。

◎ 有用网站的链接。

养成习惯寻找和记录下你周围所有可以带来灵感、设计新颖和效果显著的东西。只要给你机会把这些事物运用到你的计划中,你就会处于积极的、有创造力的状态。

法则

22

平衡你的大脑

平衡你大脑的左右半球会使你更冷静，更有创造力

尽管实际上的划分不是那么精确，但总的来说，大脑的左半球掌管逻辑和线性思考，而右半球掌管创造力和直觉。人们相信特定的肢体活动能够促进两个半球的整合，产生更好的情绪平衡和创造力状态。霍金训练营（见网站 www.navaching.com）所提倡的一项练习是"心灵戏法"。别担心，你无须有马戏团的技巧，你只需要一个球，像网球即可。请按如下方法操作：

张开两脚与肩同宽，手向前伸出，就想托着一个托盘一样。

两手来回抛球，看向天花板，然后闭上眼睛。

以速度为每秒钟一次的频率不停地抛球，把它抛到 4~6 英尺高。如果球掉了，捡起来继续。

持续做 10 分钟左右。但你感到容易时，把球抛高点儿，把手伸远点儿，这样挑战的难度就更大点儿。

更简单的一个练习是"交叉爬行"。做的时候，站直，抬起右腿，膝盖弯曲，伸出左手去够右膝盖。然后放下右腿，抬起左腿，用右手去够它。基本上说，你是在原地踏步，交替用手去够每一个膝盖。做几分钟就可以，要想更有挑战性，你可以加快速度。

但你发现自己思维迟钝时，试试其中的一种方法或者干脆两种方法都试试，看看有什么区别（别在乎办公室里其他人看你的奇怪目光）。

网站奖励

登录 www.jurgenwolff.com 网站，点击"Creativity Now!"按键，奖励 8 是一段视频，教你如何去做这两个以及其他练习。

法则

23

犒劳你的大脑

你吃的东西会影响大脑功能，使它变得更好或者更糟

《今日心理学》报道，你所吃的食物对你大脑的功能有着直接的影响。他们报道说："全国研究实验室非常清楚地表明，正确的食物，或者天然富含影响神经系统化学物质的食物，能够改善你的思维能力——能帮助你集中注意力，协调运动技巧，激发兴趣，增强记忆力，加速反应时间，减缓压力，甚至防止大脑衰老。"

针对你个人的具体需求，建议你咨询医生或者营养专家，但是针对大多数人的需求，可以参照以下食物来提升大脑敏捷度。

◎ 蓖麻油、核桃油、三文鱼、沙丁鱼都富含欧米伽-3 脂肪酸。

◎ 蛋类和脱脂奶富含胆碱。

◎ 咖喱里含有姜黄素。

◎ 可可和曼越橘富含抗氧化剂。

◎ 咖啡有兴奋作用，但人们不清楚多少是多。你最好在一天中慢慢品尝而不是连续饮用几大杯。绿茶也是很健康的替代品。

◎ 新鲜水果富含葡萄糖。实际上，水果榨汁最好，因为它富含纤维可以慢慢被身体吸收，给你提供更多能量。

◎ 水：无论是瓶装水还是自来水，你都需要足够的水来保持水分和状态。一天饮用 8 大杯水效果最好。

少食多餐肉类也是避免血糖升高的一个好方法。把碳水化合物和蛋白质有效地结合起来（例如，鸡蛋和烤面包片同时吃，三文鱼和土豆同时吃）。近几年低血糖食物开始流行，你可以在很多书上找到如何合理搭配食物的文章。

如果目前你正在食用太多油腻的食物，饮用许多含糖饮料，吃很多糖果、薯片或者其他垃圾食品的话，你也许正在损害你的大脑和身体。尝试改变饮食，你会注意到你情绪和思维上的转变。

24

建一个目标牌

它会提醒你目标所在，不会迷失方向

你是否曾经注意到当你在商店里寻找一个特定物品（如洗衣机）时，突然满世界都是洗衣机广告，杂志上、报纸上，甚至广告牌上都是洗衣机广告？一周后你买了新洗衣机，这个问题你不感兴趣了，广告好像也消失了？

当然，它们没有真正地出现或消失。它们出现或消失的理由就是短时期内它们与你密切相关，所以你更加关注它们。我们的大脑会把我们所想或者需要的东西刻画出来，一旦我们不需要了，就会自动把它们剔除。

我想你的创造力目标对你很重要，那就是你一直放心不下的原因，因此你会不自觉地关注一些相关机会。但是令人惊讶的是，它又很容易地从你的目标群里溜走，所以让它时时存在看起来就很重要（有时甚至是迫切）。那就是为什么诸如你有时候建立一个目标或者设定一个解决方案，但是几周甚至几个月后都没有实施它这类事情会很普遍。因此一定要下定决心让它们实现。

一个行之有效的方法就是建一个目标牌。可以是一个真实的，也可以是一个虚拟的。如果要建立一个真实的话，找一块白板，至少要有 A2 纸那么大，A1 那么大最好，在上面贴上图片、引言，甚至是真实物品，只要能代表你最终目标就好。如果要建一个虚拟的话，在你的计算机上建一个文件，包含相似的内容，时时打开该文件，这样就会经常提醒你，鼓励你。

对于志向远大的作家来说，他们的目标牌上可能排列着一系列的畅销书名，可以是 J. K. 罗琳或埃尔莫尔·伦纳德等他们崇拜作家的照片。

对于想在建筑业出名的人们来说，他们的目标牌上可能是一系列古典或现代的他们喜欢的建筑物的照片。

对于企业家来说，他们的目标牌上可能粘贴着理查德·布兰森、史蒂夫·乔布斯的照片，或者一些杂志的封面，他们希望有一天那上面也能刊登他们的故事。

　　无论照片或物体是什么都没关系，只要它们对你有影响力就行。它们会让你更加兴奋地去追寻目标。当你感到目标牌上的物品太熟悉，没有影响力时，继续增加或者调换一些新的事物。把目标牌放在你每天都能看到的地方，这样每次看到它时，你都会增强欲望，坚定决心，更富有创造力。

法则

25

加入冒险者联盟

冒险精神能使生活更加有趣，有创造力，兴奋起来

一提到冒险，我们就会联想到爬山、航海或探索偏远地区。实际上我们可以就在后院里探险——用我们的头脑——但记住要有好奇心、积极性和创造力。我想如果你已经购买了这本书，并且尝试了关于梦境的那些方法的话，那么你已经开始冒险了。

我想把它正式化一些。如果你喜欢一份个人的、花花绿绿的会员卡以便证实你是冒险者联盟的一员的话，给我发个邮件，把你的姓名和邮编给我，我很高兴给你寄一份，免费的。我的邮箱地址：jurgenwolff@ gmail. com。

当你接到会员卡后，要是你愿意，拿着它照一张照片，我会把它传到"冒险者画廊"中（见下面的网站奖励）。

在你等待会员卡的过程中，到下一章去探探险吧。下一章会告诉你如何创造出无穷无尽的好点子来丰富你和他人的生活。

网站奖励

登录 www. jurgenwolff. com 网站，点击"Creativity Now！"按键，奖励 9 是"冒险者画廊"。如果你发给我照片的话，你就会发现自己手持"冒险者联盟"会员卡的照片了。

第 2 部分

实 践 篇

现在你已经处于非常兴奋的状态了。

你的大脑已经酝酿好了创造情绪，你也已经准备好了学习追寻无穷无尽新创意的方法。

在本章中，你会发现 25 种方法可以产生新奇的、令人兴奋的、革新式的创意，并且这些方法适用于任何领域。

一旦你掌握了这些方法，你就会像一个 5 岁大的孩子那样有创造力。

那是一件多么美妙的事情啊！

26

按以下 4 个头脑风暴准则行事

按以下 4 个准则行事，你的头脑风暴会更加多产

确立规则的目的是如何跳出规则来思考，这看起来很矛盾。但是如果你按照如下 4 个简单的准则行事，你就会发现自己更有创造力。

1. **数量取胜**。一段时期内尽可能多、尽可能快地想出各种创意。诺贝尔获奖者李纳斯·鲍林揭示了他想出许多惊人创意的诀窍："我会想出许许多多的主意，然后剔除那些不好的想法。"请注意关键字样"许许多多的主意"。

2. **不要主观臆断**。你需要一段时间来评估你的创意，并且剔除那些不好的想法，但在头脑风暴阶段不要这样做。本阶段是最为困难的一个阶段。因为只要一有新点子产生我们就想挑剔它，批评它，因此你必须保证你自己（或其他人，如果你是在一个团体中的话）在新点子产生时不会主观臆断。这种臆断不仅包括挑剔的评论，还包括翻白眼、发出啧啧之声、摇头等动作。即使你对于新点子的首要反应是不切实际、过于昂贵或者极度愚蠢，也请你打住。如果你是在小组讨论中的话，每次出现此类判断都要罚款一个英镑。罚款所得可以用来买下午茶。

3. **写下每一个想法**。只记录一些想法也是主观臆断的一种形式。如果是在小组讨论中，最好有两个记录者，每一个人都记下各种想法。因为通常在讨论中想法会出现得太多、太快、太热烈，一个人来不及记录。如果你独自一人在做头脑风暴时，不要写下来，而是用录音机录下来你的想法。

4. **不要害怕借鉴其他的主意——不管是你自己的还是别人的。**有时候对一个令人兴奋主意的小小添加或者改变就可以使它变成一个真正的突破点。

如果你牢记以上 4 点，你的头脑风暴过程就很可能变成你创造力的源泉。

法则 26
按以下 4 个头脑风暴准则行事

网站奖励

登录 www. jurgenwolff. com 网站，点击"Creativity Now！"按键，奖励 10 是一个可下载的有效的头脑风暴行事 4 项准则。你可以打印出来，当你做头脑风暴时把它贴在墙上。

法则

27

询问未知的人

外行人有时候比内行人还内行

当你熟知某个问题时，你可能自动地摒弃那些没有遵从这个领域规则的主意。

这就是为什么在许多特定领域内的突破性观点都来自于从不同角度思考的人们。这也是为什么"迪士尼幻想蓝天工程"会雇用年轻的实习生，花费整个夏天来为迪士尼主题公园想出引人注目的新创意。

斯坦福大学工程学教授罗伯特·I. 萨顿在《洛杉矶时报》上描述了两种人类："无所不知的人"和"一无所知的人"。

如果你要寻求新鲜的主意，你不妨咨询以下几类人：

◎ 孩子
◎ 老年人
◎ 来自不同文化群体的人（例如，外国来的旅游者）
◎ 跟你工作领域完全不同的人

最重要的是，不要因为他们从来没做过，就忽视他们观点的可行性——这恰恰是这些观点有价值的原因。如果你再加入你的经验和知识，两者的结合完全可能产生你所需要的突破。

28

试试相反的一面

> ## 对你常做的事情反方向思考一下，
> ## 可能会令你找到可行的解决办法

挑战我们的最初设想是一种我们用之过多、几乎厌倦的解决方法。反过来，找出事物的反方面通常也许会有效果。然后我们可以仔细讨论如何把反方案变成可行性方案。

事例一：当《雾锁危情》的制片人在讨论如何能使野外生存的大猩猩按照剧本行事时，他们中的一位年轻人建议："为什么不让大猩猩写剧本？"

她的意思是不让大猩猩适应人们所写的剧本，而是仅仅拍下它们的自然习性，然后以此为题，编写剧本。最后他们就这样做了。

事例二：你新开了一家商店，要吸引顾客。但是报界不感兴趣，好像没人出席。

通常情况下：告知每一个人。

与之相反：保密。

当然你要是真的保密，没人会来。但是如果你仔细思考如何设计这些秘密，如何使它们更具有吸引力，你也许会想出一个这样的主意：用你商店的信头给你商店的经理写一封"秘密"信，声称有一位名人（假设是贝克汉姆）恰巧与一位销售员有联系，并且会在开业当天前来拜访。那位经理人一定会将此事通知给每一个人，大家会蜂拥而入。

你可以把这封信复制几百份，然后把它们"不小心"一封接一封地遗失在公众场合。当人们打电话询问是否有此事时，经理人可能会回答"没问题"。

当然，在开业当天，为了避免被人群围攻，你不妨雇用一位跟贝克汉姆相像的人开着房车前来，跟人们挥挥手。（这真的发生过，但细节稍有出入——例如，不是贝克汉姆——人物保密）

下面该你了。在一张纸上总结出问题。在纸的左侧一栏写下人们通常解决该问题的3~4种方法。在纸的中间一栏，写下这些方法的反面。在纸的右侧一栏，写下思考反方法后得出的可行方案。即使这些方法不是真的相反，与传统的方法相比，它们也可能更有效果。

29

做一个未来采访

达到目标后接受采访，能更好地提示你如何达到目标

下面的练习将需要 10~15 分钟不被打扰的时间，因此请关掉电话，走到一个安静的地方，确保没人打断整个过程。准备好笔和纸，最好是准备一台录音机或一支录音笔。

准备好后，请你想象一个未来的时间，你已经实现了你的奋斗目标。花几分钟做个美梦，想想感觉如何。

现在想象有人，也许是记者，也许是你好久不见的朋友，想要询问你是如何实现这个非凡成就的。选一个你喜欢的人问问题。

想象这个人问你以下 7 个问题。回答每一个问题时，保证你进入状态，想象自己已经成功，正在面对采访回答问题，然后写下问题的精华部分或者说出来，录下它们。

在每回答一个新问题时都需要花几分钟进入到真正的想象状态。准备好了吗？开始如下问题：

◎ 关于实现你的梦想，最好的是什么？

◎ 什么动机使你追寻你的梦想——为什么它对你很重要？

◎ 你最初是从哪儿开始的？

◎ 你早期的一个障碍是什么？你是如何克服它的？

◎ 是谁帮助你实现梦想的？

◎ 帮助你实现梦想最重要的因素是什么？

◎ 对于其他拥有同样梦想，或者刚刚开始起步的人，你有什么忠告？

当你做完时，使自己完全返回到现实状态，重温你写下的或录制下的内容。通常你会发现这个过程会产生一些有意思和有用的信息，你以前并不知晓自己已经懂得了这些。

法则

30

强迫自己展开单词联想

强迫自己针对不相干的词语进行联想会使你产生新点子

这种方法是头脑风暴练习法中最受欢迎的一种手段。原因是：它很简单，你可以自己做或者在小组中做，而且它很有效果。

开始时你可以随便列出一排词语。你可以从报纸或杂志中选出来，可以是任何词语：一个物体、一个地方、一类人、一种情感、一个动作等。在一张纸的左侧写一竖排，至少写 20 个词。以我为例，我的单子包括：

精神病院

鱼

独奏者

门

绑票者

开玩笑

然后当你需要新奇的想法时，挑选一个最有挑战性和创造力的词汇。在一页纸的最上方写下问题摘要。例如，假设你是一位十几岁孩子的父母，要鼓励你的孩子好好学习。

方法是审视词表中的每一个词，展开想象，接受挑战。具体如下：

在十几岁孩童和"精神病院"（臭名昭著的精神病人收容所，允许游客参观病人取乐）之间有什么联系呢？必须记住：强制性联想是为了开始流畅的思维——你不必局限于词汇本身。因此针对"精神病院"这个词，我们可以想到病人受到的羞辱。也许你可以告诉你儿子，除非他在学校里好好学习，否则你会每天都到学校跟他一起走回家。（没有一个十几岁的孩子能够接受这等羞辱……）

针对"鱼"这个词，你可能会联想到某种类型的鱼会增加脑动力。这样你就会检查你儿子的饮食，确保他获得足够的欧米伽-3脂肪酸。

　　"独奏者"这个词会提醒你当你儿子独自学习时可能会分心。也许应该给他找个家教，一周一次跟他一起学习，要把这件事当成羞辱。

　　你自己尝试一下，把它当成一个真正的挑战。刚开始可以用我的词表，来体会一下这种方法是多么容易，多么有效。然后随便写一些你自己的词语表，这样每次你需要快速想出新点子时都可以使用它。

75

法则

31

强迫自己展开图片联想

> **强迫自己针对不相干的图片进行**
> **联想会使你产生新点子**

正如你所猜想的一样，这种联想跟单词联想一样，只是使用图片而不是词汇。

到哪儿找图片呢？你可以剪下报纸或杂志上的图片，把它们混在一起，随意地挑出一些。最好是 50 张以上图片。如果你已经采用了前文推荐的"街头梳理"的方法，你可以使用那些图片。

另一种方法是搜索 Google 图片库，随便输入一些单词，就会出现许多图片，你或者可以采用第一张，或者可以随意浏览，使用那些你感觉出色的图片。我们以下面 3 张完全不同的照片为例：

这一次让我们假设我们拥有一家鞋店，挑战是如何让它在本地媒体上出名。

我们的鞋店和变戏法的人之间有什么联系呢？变戏法的人是一名艺人，我们的鞋店可以有什么娱乐形式呢？假设我们有童鞋部，我们可不可以每周六下午给本地儿童来点儿小节目呢？这周请个变戏法的人，下周请个讲故事的人或者来场木偶剧呢？这很可能会得到报纸的报道，甚至可能上本地的广播或电视。

奶牛和卖鞋之间有什么联系呢？当然，许多鞋都是皮制的，但是如果我们也出售非皮制鞋的话，我们可以找个学生，穿着奶牛装束，站在商店门口抗议我们卖皮制鞋，而在奶牛旁边还站着一名学生，举着标语抗议对奶牛不公平，因为我们还卖非皮制鞋。媒体喜欢带有图片的故事，穿着模拟装束抗议者的照片可能会更具吸引力。

最后，鞋店和轮船之间能有什么联系呢？轮船能使我想到水，想到沙滩。夏天，为了突出我们的凉鞋或其他夏季鞋，我们可以在商店的室内（或室外）建一个小型沙滩。可用半吨沙子、几把沙滩椅、一把太阳伞、一些色彩缤纷的热带饮料和一套播放海洋声音的音响。关键在于顾客可以在他们需要穿凉鞋的环境中试穿我们的鞋子。那天可以让我们的员工穿着夏威夷的衬衫，给那些穿着短裤或泳衣出现的顾客 10% 的优惠。同样，这也会有很大的机会上当地报纸。

该你了。从这三幅图片开始，结合它们，你会产生哪些富有创造力的新点子呢？

如果你尝试了图片和文字两种联想方式的话，很可能你会发现有一种更加适合你，那么从今以后你就可以一直使用它了。

Ⓒ 张智波 2011

32

当你有好点子时——继续下去！

满足于第一个好点子会妨碍你获得更好的创意

人们在一旦获取了一个好创意时，就可能会试图停滞下来。然而，如果你继续思考的话，可能会想出更好的创意。

有一种方法可以确保你不会停滞不前，即在既定时间内给自己确定想出新点子的最低数目。把标准提高一些——记住，不必都是好点子（无论怎样，不要主观臆断，还记得吗?）。要尽可能地写下你的一切想法。

好的目标是 15 分钟内想出 50 个点子。这种压力会迫使你不断地想出更多的想法，获取更大的动力。即使其中有 10 个主意看起来是不错的选择，但是请继续想吧！当你准备好评估这些点子时，不要选择一个，至少最终选择 3 个，即便你已经很清楚其中一个是最好的选择。

然后再额外至少多花 5 分钟时间仔细考虑这最后的 3 个主意，试着想出一些变化，使之精益求精。

最后，从中选出最好的，再次评价这 3 种解决方案——你可能会发现一个新主意产生了。

33

从结尾开始

> ## 产生好的解决方案的一种方式就是从结尾开始逆推你的工作方式

一种改进产品或提高服务的强力方法就是从结尾开始——无论你想做什么，都尽可能详尽地逆推你的工作方式。

当想象出结果后，不要担心如何才能做到，那是以后的事。现在，就请尽可能完美地描述这个结果吧。例如，假设你的目标是成为一名管理行业的高级演说人。你需要实现哪些成就呢？它们可能包括：

◎ 被邀请在重大会议上演讲。（薪酬很高）

◎ 作为嘉宾出席广播或电视节目，畅谈你的专业领域。

◎ 被一些重要的英国经理人商业出版刊物刊登传记。

◎ 受聘给高级经理人做培训，指导他们如何实现他们的提案。

现在你可以开始逆推以上问题的每一种结果。在你被邀请在重大会议上演讲前，还会发生什么事？通常情况下，你会先被邀请针对一些不太重要的事件做演说，当你证实了自己的才华后，你才会被演说部门看中。

然后再从这一步起向前逆推。在这些场合发表演讲之前，你可能会在慈善机构和公众团体免费演讲来磨炼你的演讲技能。

在此之前，你需要加入演讲协会来获得自信和演讲技能，在那儿你可以得到练习，获取一些有建设性的反馈意见。

当你从每一项期望结果中逆推到你目前的状况时，你会获取一份完整的前进地图，帮助你直达你的预期目标。

> ## 网站奖励

登录 www.jurgenwolff.com 网站，点击"Creativity Now！"按键，奖励 11 是一份地图，从头到尾逆推我如何在网上出售一种信息产品。

34

运用"为什么","谁","做什么",
"在哪儿","什么时候"这类问题

> **对任何问题来说，提出问题都是一种很好的探索问题、发现答案的好方法**

在第 1 章里，我谈到问题的魔力能够唤醒我们孩提时的好奇心。在开始实践梦想的过程中，你也可以用一种更加既定目标的方式问问题。

一种方案是从目前所做的事物开始，以苏格拉底式的坚持来问问题（这一定会令周围的人很讨厌）。例如，假设我们正试图想出一种制作名片的新方案。我们可以问如下问题：

◎ **为什么?** 为什么要用纸质卡片？我们为什么不用别的材料？我们为什么不用布、金属、木头、树叶、石头等？（记住，我们在此时不要主观臆断！）

◎ **谁?** 卡片上会印谁呢？正常情况下会印你，但是还可以印谁呢？令你满意的固定客户？你的家人？你的父母？你的狗？最激励你的人？促使你成功的恶霸？

◎ **做什么?** 名片上应该写些什么？可否用一个谜语来取代或者补充你的联系方式？加一句名言？提一个问题？加一张折扣卷？

◎ **在哪儿?** 你在哪儿用名片？是的，在商务活动或者会议当中，但是还有别的地方你可以发送或者留下名片吗？在图书馆或者书店，你可以把名片夹在所有与你产品或项目相关的书籍中。你也可以在大型集会上把它们粘在小糖果上发送。

◎ **什么时候?** 何时是最好的发放名片的时机？通常情况下是你在一遇到别人时，或者是在你要结束谈话时。还有什么时候你可以发名片呢？你可以发给他们一半名片，告诉他们你会寄给他们另一半（假定你已经拿到了他们的名片，这样你就会知道地址）。如果你给他们的那一半上有一道难题的话，另一半上就会有答案。或者前一半上有一幅图看起来像某物，但是同后一半合起来后，就会变成另一物。如果你的目的是使别人记住你的话，会有许多种方法。

法则 34

运用"为什么","谁","做什么","在哪儿","什么时候"这类问题

当你问完了所有问题后，仔细回顾你所问的全部问题，看看哪些问题是相关的。最后你会发现，通过目前这种"严刑逼供"的方法所问的问题，你也许可以找到一个新奇的、令人振奋的新方案。

Ⓒ 张智波 2011

法则

35

展开趋向性判断讨论

> ## 针对你目前产品或服务展开趋向性讨论会使你受益匪浅

我们的优势、喜好和厌恶都会随着时间而改变，政治和经济的发展也是如此。预料这些是一种重要手段，会确保你的生意一直兴隆，而不是被动地回应（或者更糟糕的是，回应太晚）。整个工业，如汽车行业，忽视这种改变甚至会引发灾难。

你可以通过经常安排集体研讨会来避免相似的命运，在研讨中，你们要考虑流行趋势是什么以及会给你带来怎样的影响。注意我们这儿谈论的趋势，是最大化或者长期的发展方向，而不是迅速流行又很快消失的那些流行时尚。

在你的研讨会中，首先要列举出你自行观察到的所有趋势或者那些还未被媒体大肆报道的潮流。这些趋势可能包括像是婴儿潮时期出生的一代人希望尽可能地保持年轻；司机更愿意用干净的发动机；肥胖症流行等。这些趋势已经存在，你必须考虑如何更好地面对它们，要是你还没有做到的话，现在就是时候了。

你很容易忽视一些完全跟你的领域不相干的潮流。例如，肥胖症流行明显是成衣制作商、健康俱乐部或保险公司更应该关注的问题。但是当你进一步思考时，你会发现它也影响了其他领域：航空业因为乘客更重而要消耗更多的燃料；医院需要更大的救护车来运送体型超标的病人；学校的课桌供应商们需要为肥胖儿童设计下一代桌椅等。要花时间更进一步地研究潮流是否和怎样影响你的生活。

接下来，再列举另外一些潮流名单，主要是那些还未非常流行但是你和其他人已经预见到其必定会消失的趋势。这会更加困难，因为它们还没有被主流媒体报道。

许多社会潮流都兴起于年轻人，因此关注年轻人穿什么、说什么、在网站上他们发布什么流行趋势等都很重要。

有些潮流来自于其他国家或另类文化群体，所以阅读其他国家的

开启创造力的 100 个法则

报 纸 和 杂 志 也 会 很 有 帮 助。推 荐 一 个 很 棒 的 网 站：www. thepaperboy. com。在这儿你可以看到别国的报纸。例如，我刚刚读了《阿富汗日报》和《哥本哈根邮报》。这上面有一些报纸，像这两份，是英文版的；还有其他的本国语言的报纸。注意要同时关注报道和广告。

另一个有用的工具是 www. google. com/trends. 它会告诉你人们每天在 google 上搜寻最多的术语。一些术语反映了短期的流行时尚，但是如果你发现一些特定的术语连续几周或者几个月都会出现，它们也许就是一种潮流。

一个月左右做一次潮流商讨，看看你怎样运用和运用了多少你所发现的潮流，这可以使你领先潮流而不是只能追寻它。

36

使用脑图

运用图解式陈述能使你探究任何问题的想法都变得更加容易

创造力权威托尼·巴赞使脑图流行起来，而且他还写了几本书指导人们如何画脑图。脑图有许多种画法，但是基本的图形是你在一张纸的中间位置画一个椭圆形或者正方形，在这个形状中写下你的中心议题。然后从中心形状向四周画一些辐射线，每条线上写下一个相关的词汇或词组。你也可以在这些线上加上副线，添上更多细节。

看个具体的例子可以更好地帮你理解。因此下文是我画的一个最基本的脑图，研究采用哪些不同方法能令一个研讨会更有意思。我们从右边最顶端（大约一点钟位置）顺时针看起，我画了一些分支，每个分支上都是一些我用来提升兴趣的方法。它们是：道具（props）、多媒体元素（multi-media）、特邀嘉宾（guest speakers）、参与者活动（activities）和惊喜（surprises）。然后在每个分支上，我又画了些副线，写出我为这个主意准备的延伸材料。这个研讨会的主题是关于如何通过写作赚钱，因此我想到的第一个道具是杂志（magazines）（你会看到我又画了更多的分支，阐明我想到的两种杂志——那些关于写作的（to write for）和那些接受自由作家的（about writing））。第二个道具是茶袋（tea bags）。有时候午餐后我会发放薄荷味（peppermint）的茶袋，让与会者嗅一嗅，因为薄荷的味道能使人恢复精力。

第二个分支是"多媒体"。这部分有一些是来自 YouTube 视频（Youtube videos）的作家们讲述他们的经验；还有我以前做的两个音频采访：一个是一个代理商（agent audio）的，另一个是一个朋友（audio—m. Hause）的，他是一名创意大师。

第三个分支是邀请一些特邀嘉宾参与的想法。这两个人可能大多数人都会感兴趣，他们一位是代理商（agent），一位是编辑（editor）。

对于第四个分支的"活动"。我主要是设计了一些游戏

（games）、竞赛（contest）或者抽奖（raffle），用我的书（my books）
做奖品。另外还可以让参会者带些他们写的东西，对此做评论文章。

最后一个分支是"惊喜"——这可以是我给与会者摄制的录像
（video them），教他们如何写成可以卖钱的文章（for article），或者邀
请一位有趣的客人让他们采访（guest to interview）并且写成文章
（for their article）。

脑图的一个优势就是你可以把许多信息都放置在一张纸上。因为
你可以一次看到全部信息，你会很容易看到他们之间的连接和整合。
例如，要是我邀请一位代理商做特邀嘉宾的话，我可不让他发言而是
让他接受学生采访，让学生写成短文然后我做评论。

在集体讨论中，脑图也是一个很好的记录手段。要在一张很大的
纸上，由两个人进行记录，以免落下任何观点。

你可以手绘脑图，也有许多免费的或者收费的软件可以帮你绘制
脑图。

网站奖励

登录 www.jurgenwolff.com 网站，点击"Creativity Now！"按键，
奖励 12 是一篇文章，告诉你一些最好的脑图绘制软件，以及如何可
以得到它们。

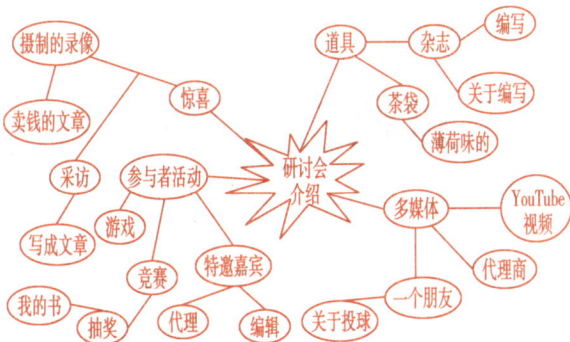

37

试试自由写作

> **针对一个主题或者一个问题的快速写作
> 有助于揭示被隐藏的信息**

自由写作是指在一段既定时间内写出你内心想法的写作方式。开始时你可以针对你想探索或质疑的问题写出一段简短的评述。然后把定时器设定在 5 分钟，开始写下针对这个问题任何浮现在你内心深处的观点。

当第一个 5 分钟结束后，休息一小会儿（就一两分钟），看看你写的东西。圈上三个看起来最有意思或最重要的词汇或词组。如果你不确定的话，让你的直觉帮助你。然后决定出这三个词或词组中最重要的一个词，写在一张新纸的最顶端。重新设定时间，再来一遍这个过程——写下针对此词浮现在你内心的任何想法。

当第二个 5 分钟结束后，再做一遍相同的事情：圈三个最有意义、最有趣或者最重要的词或词组，选择一个，做最后 5 分钟的写作。再一次圈出三个最重要的词组或者句子，然后考虑它们对于你最初的主题或者质疑的问题有怎样的启发和阐释。

你通常可以发现这个过程会帮助你从新的角度看待原先的问题，或者帮助你找出新的解决办法。

让我们看看下面的例子。我让我辅导的一个客户做了这个练习，他的题目是"如何克服拖延病"。在此我没有陈列出他所有的练习内容，只是记录了他第一个 5 分钟后选出的三个词组如下：

◎ 害怕与某种技术相关的工作。

◎ 不愿意放弃我所感兴趣的事物。

◎ 陷于一些重要事件中。

第二个过程中，他选了最后一个题目。经过又一个 5 分钟，他又选出如下三件事：

◎ 整理我的办公室或者文件，使之条理化。

◎ 实现自己的健身目标。

93

◎ 我意识到自己总是前进 3 步退后 2.75 步。

最后一个过程中，他依然选择了最后一项。有意思的是，他的自由写作内容很情绪化。这是他最后选出的三项：

◎ 这引起了我的一些毫无用处的、傻里傻气的挫败感。

◎ 我要控制自己，学会如何花费时间。

◎ 我要停止浪费我的精力！

从这个过程中可以获悉：他的这种拖延病，实际上从孩提时期就已经存在。这导致他很气愤——并且下定决心要改掉它。

自由写作经常会揭示你目前面临问题的深层面。当你准备好尝试时，记住以下四个要素：

1. 不停地写！如果你的思路受阻，就一遍又一遍地写直到有新的想法跃入心海。

2. 不用自行审查。你不需向别人展示你的作品。

3. 如果你感觉自己就快抓住些有用的想法但是需要更多的时间时，不断地重复这个练习直到你找到想法为止。

4. 如果 5 分钟一个练习时间不够的话，试试 10 分钟时间。

你可能会发现有些行为正阻止你前行——关键是如何改变它们，这样你就会不断前进。

法则

38

挑战所有的设想

挑战你的设想可能会扩展你的创造力

每项成果的背后都有许多设想，其中一些如此显而易见以至于大多数人从没有想过要质疑它们。有个例子很可笑，它说一个装满了人的金属管子能飞到空中。还有一个设想：你在电脑上输入一个词，一秒钟后会蹦出上百万条相关信息——很疯狂，是不是？然而当你挑战这些设想时，颠覆性的突破就产生了。

要想挑战你领域中的设想，首先你要了解它们是什么。开始时先针对这个题目列出一个"大家都认为是真的"的设想单子。也可针对一个问题、一项发明、一项服务或者别的一些事情。

让我们假设你写出了一本书，想把它出版。一些典型的设想包括：

◎ 你需要一名代理人把你的手稿提供给出版商。

◎ 出版商通常不会看主动提交的手稿。

◎ 即使你的书出版了，如果你不出名的话，也很难引起媒体注意。

作为一名写作导师和演讲家，我知道这类设想阻止了很多人写书，即使他们已经有了很好的想法。那么让我们挑战每条设想，同时商讨出解决办法吧。

你真的需要一名代理人把你的手稿提供给出版商吗？还有谁可以联系上出版商呢？你的牙医、律师、园丁、大学演讲人或保险代理人怎么样？这种"六度"概念告诉我们，我们有六种以上的方式能够联系到我们不认识的人——你能使用这种方法吗？如果你开始询问每一名与你相交的人，问他们是否认识出版商时情况会怎样呢？

怎样能使出版商对你的手稿更感兴趣（除了亲自接触之外）？如果你给大报纸或者大杂志写一篇相关文章的话，是否可以引起他们的注意呢？如果你通过因特网查询出那些重大出版商，你认为自己会不会找到一位对你的话题有特别兴趣的出版商呢？例如，如果你的书是关于小城镇日益增长的贫穷状况的话，找一位有相同背景的出版商是否更好呢？如果你的书是关于如何提高高尔夫球技巧的话，你是否应该注意哪位出版商是劲头十足的高尔夫球手呢？

最后，即使你不出名，是否你的书真的不可能得到媒体的关注呢？也许你可以利用媒体都喜欢噱头的事实。有本幻想小说的作者导演了发现"龙胎"一幕（有一家公司帮忙，用蜡制作了一个"龙胎"；还有一个同谋，假装是在他祖父的遗产中发现的，他祖父应该是在自然历史博物馆中工作）。这位作者的书，《神秘的历史》，被 36 家文学代理商和 7 家出版商拒绝，但是在这个噱头之后，阿利斯特·米切尔亲自出版，Waterstone's① 独家发行，由哈珀·柯林斯（Harper Collins）出版社美国分社出版的作品集卖了 100 000 英镑。

如你所见，挑战设想的回报是相当令人期待的。

---

① Waterstone's 是英国和爱尔兰图书发行业的领军者，英国最大的连锁书店之一，它致力于成为领军商业街和互联网的图书销售商——译者注。

法则

39

想象一下其他人的解决办法

> 想象一下一个知名的革新者（或者公司）是如何攻克难题的，这会引发你的新创意

当你遇到挑战或者想要找出一个新创意时，试着想想像华特·迪斯尼这样的知名人士或者像苹果、维珍这样的知名公司是如何做到的。找出那些知名人士或公司的 2~3 个显著的特征是什么，并且考虑如何将这些特征运用到你的问题中。

为了了解它是如何奏效的，让我们假设你的挑战是找到一个能激励人们更多地回收再利用的方法。

华特·迪斯尼的解决方法会是家庭友好型和充满乐趣型的。你能创建一款使回收再利用富有情趣而且具有竞争性的游戏吗？迪斯尼公司通过麦当劳的游戏来改进他们的电影。你会做出相同的事情并且让他们给大多数成功的给家庭想出回收再利用计划的小孩提供食品券吗？或者让他们赞助一年一度的回收日呢？

苹果公司会找到一个既创新又流行的方法。你可以和一个设计有吸引力的、流线型回收箱的公司合作吗？目前的垃圾回收箱可以在上面装一个单元，当每次人们丢垃圾时都会说"谢谢"吗？抑或是能给慈善商店一些 iTunes 下载的代价券，让他们分发给那些捐赠一定数量衣服和其他商品的人们吗？

维珍公司将会找出一个快速的方法，并且会以一个理查德·布兰森的特技开始，来做一些大胆的事情。你会想到用一个特技来引发人们对回收事业的注意吗？你能找一个名人来做幌子吗？如果不是理查德先生，也许是一个电视人物或者有名肥皂剧中的一个演员。

当然，你不必把你自己局限于我的例子中。列出你自认为创新的人物或者公司。列出他们各自的特点，然后浏览一下所列清单，用头脑风暴的方法想出如何将这些特点应用到你的挑战、发明或者创意中。

40

改变属性

> **从原有的想法、对象或服务出发，
> 改变它们的属性，进而找到更好的方法**

如果你想对已有的产品或服务提出一种更好的版本，一种方法就是试着改变它们的属性。在这些变化中你可以尝试：

◎ 使它变得更大。

◎ 使它变得更小。

◎ 使它变得更简单（简化功能）。

◎ 使它变得更复杂（增加功能）。

◎ 使它变得更频繁或者不频繁。

◎ 使它的色彩变得更丰富。

◎ 使它变得更吸引年轻人或老年人。

◎ 使它变得更容易使用。

◎ 使它变得更高级。

让我们以闹钟为例尝试几种改变：

◎ 你可以使它变得**更大**，这样在屋子里很容易看到，要关掉它的人实际上就不得不起床，因此就没有睡过头的危险。

◎ 你可以使它变得**更小**，这样能够把它夹在睡衣口袋或枕头上。

◎ 你可以**增加**一个磁带录音的功能，记录下你喜欢的人的声音对你说"早上好"——当你出差时带在身边也很不错。

◎ 你可以把闹钟做成动物的样子，当它响起时会上下跳动，这样会**更吸引年轻人**。

◎ 你可以把响铃功能设置成一种声音，每月的每一天都发出不同的禅宗音符，使它**更吸引（一些）老年人**。

◎ 你可以把它改成声音控制，这样会**更容易使用**。

◎ 你可以把它的外观改成萨尔多瓦·达利或其他艺术家设计的限量版图案，使它变得**更高级**。

当你列出所有的可能性后，你会发现有趣的结合。例如，由于小孩有赖床的习惯，一款大型的闹钟让你不得不起来走过去才能关掉它，同时也要包含录音的功能，能够发出"起床啦！不要让我闯入你的房间！"之类的信息。

我们应当确信许多新事物都是在已经存在事物的基础上发生改变，这种方法为你的创造力开启了无尽的可能性。

41

讲述你的问题

当你讲述你是如何产生问题时，
你也会学会如何避免它发生

这个技巧是针对任何你想去改变的习惯或行为。最好的方式就是找一个同伴，愿意倾听并且详细地记下你告诉他们如何做同一件事的技巧。

比如，你会告诉他们如何迟到，如何吃多了，如何保证你从不锻炼，如何拖延时间等等其他的一些事情。另一个人记笔记，如果有必要，要向你提问题，确保你谈到了足够的细节。

当你拿到这些笔记时，你所需要做的就是反过来做你同伴写的每一件事。

我用了这种方法克服掉了我之前迟到的习惯。你想学会如何迟到吗？我可以帮助你！这儿有一些已经被我证明非常有效的方法：

◎ 在浴室不要放闹钟，这样你在刮胡子或者吹头发时很容易忘记时间。

◎ 在你走出家门之前，再一次检查你的邮件并回复任何紧急或有趣的信件。

◎ 假定公交车会很准时，或者会很容易打到出租车，或者也不会堵车。

◎ 如果你要出门时电话铃声响了，跑回来接电话，即使你的电话留言机已经开启了。

我还知道很多迟到的方法，但这只是告诉你这个过程是怎么运作的。而且，是的，现在我的浴室确实有了闹钟；我会假设公共汽车晚点（我带上阅读材料以防开会早到时，我有事情可做）；我也不再做"就最后一遍检查我的邮件"这种事了。

如果没有一个愿意和你一起做这个练习的同伴，你可以口述并用录音机录下你的教训，然后抄写下你所说的话，但是有个现场倾听者会更有趣。把它当做一个游戏，它会给你带来快乐和享受，但同时你又会收获严肃的、有用的信息。

你想首先讲述并且改变你的哪个习惯呢？

42

使 $1+1=3$

合作带来的后果将会远远大于合作的项目本身

许多时候，即使不是大多数时候，许多重要的突破都是集体合作的结果。

即使一个人起了很大作用，也只是艺术活动中他们的天分带来的结果，而且他们中的大多数人也承认受到其他人的严重影响。

我们大多数人在寻找能够共事的人们时会犯这样的错误：找一个跟自己有很多相似点的人。毕竟人们更倾向于喜欢那些他们认为更像自己的人。当人们要找一个可以一同去酒吧的人时，这是一个好主意；但是在寻找合作伙伴时，这绝对是一个错误的策略。

密歇根州立大学斯科特·帕吉教授，也是《区别：差异的力量是如何创造出更好的组织、团体、学校和社会》一书的作者。他曾说过：沃森和克里克加在一起比他们任何一个都更加能够鼓励人，更让人们印象深刻。他同样也指出：在非常大的范围内，大部分硅谷的那些颇有才华的工程师们都来自于不同的科学领域和世界上不同的地域，而从事相同脑力活动的其他公司职员却缺乏多样性。最好的合作者是那些拥有你所缺乏的优点的人们，反之亦然。这有时候也意味着你们会具有不同的性格、品质和兴趣爱好，并且也许不能成为彼此最好的朋友，但这些无关紧要。

如果你想要找一位合作者，那么请考虑那些背景和世界观与你不同的人吧。这可能意味着不同的性别、种族、族群、身体能力、文化背景、地理位置和性取向，以及教育和培训的差别等等。

随着互联网的出现，能在网络中轻易地同那些你在现实中从未谋面的人进行合作业已成为可能。

这个原则不仅适用于寻找合作者，也适用于寻找那些处理特别事物的人们。本书后面章节中讨论的"外包"将会给你更多的建议，帮你了解该如何寻求此类合作者。

43

召唤你内心的"创始力"自我

召唤你内心的"创始力"自我

> **逼真地再现你曾经非常富有创造力的时刻，能使你很容易地再次恢复创造力**

在我的《关注点：有目标思考的力量》一书中，我提出了内心自我这个概念。它所基于的观点是：我们所有的人在不同的时刻都曾出现许多不同的次人格。

例如，一些人能很轻松地和别人一对一地交谈，但是当他们需要向一群人发表演说时，却表现得相当紧张。同样，你或许在某一环境中相当自信，而在另一环境中又相当胆怯。

大多数情况下，我们听凭次人格（或者如我所称呼的"内心自我"）自行出现，但是，实际上还有一种方式可以人为地呼唤它们出现。通过这种方式，你可以确保自己能够在最大程度上、最有成效地、高效率地处理手头上的任务。

当你正在寻求新创意时，拥有一个"好奇的小孩"式的内心自我是不错的主意。然而，如果你让这个好奇的小孩帮助你打扫车库，效果应该不会很好。这个小孩会发现一摞杂志或一盒纪念品，然后全神贯注地投入其中。所以四个小时后什么工作也没干。对于那个工作，你应该考虑一下让你内心自我——匈奴王阿提拉——来做。

我相信你有一个内心的"创造力"自我——你内心会产生许多想法的那部分自我。无论什么时候你想进入这种状态，你可以这样做：

◎ 记住你体验那种状态的时刻。它可能是在近期，或者是你需要追溯到你的孩童时期。

◎ 在你的想象中，尽力回想当你处于那种状态时，世界是什么样的，你对自己说了什么，或者别人对你说了什么，特别是你的身体感觉是怎样的。

◎ 当那种感觉很强烈的时候，做一个手势，像是把你的拇指和食指紧压在一起这样（在神经语言程序学中，这被称为"锚定效应")。

◎ 隔一段时间做一次这样的练习。你正在建立一种感觉和手势间的联系。

◎ 下次当你想拥有好创意时，做一下那个手势，然后你会注意到自己回到了内在的"创造力"自我状态。如果这种感觉开始变弱了，或者你心烦意乱了，觉得自己正在遗失那种状态，再做一下那个手势。

沉浸在那种状态中，直到你完成了你的头脑风暴思考，然后决定在这个任务中你接下来要做什么，哪种内在自我方式能够最好地为你服务。通过练习，你可以拥有各种各样的内心自我，随时等候供你使用。

44

整合观点

整合两种想法或观点可以产生新观点

新事物出现的一种方式是整合现有的两种事物的精华部分。例如：

电话+复印机=传真机

家庭影院+互联网=YouTube

视频游戏+练习=任天堂 Wii①

自行车+马车=黄包车

还有一种你可能不太熟悉的事物：睡袋+床单=薄的"身体信封"。当你旅行的时候随身携带，这样你就不必接触到旅店中可能肮脏的床单或床铺。

有两种方法你可以使用这种整合原则，来寻求新产品，提供新服务。一种是把在某种程度上已经相关的两个元素整合在一起。这将产生一些想法，它们可能不会特别激进或没有巨大的创新，但是仍然很有用处。

例如，我们可以把两种风格的书籍，如园艺和烹饪书籍，整合成一本活页书。结果可能是当你要种植或修剪某些植物时，你可以取出相关的资料卡片。或者我们可以将短裤和 T 恤衫整合在一起，做出一件短袖、长短到腿的连裤装（不，我穿哪一件都不好看）。

另一种方法是把两个完全不同的元素整合到一起。例如，我们可以把园艺和飞机整合到一起，提出将花盆悬挂在飞机或飞艇外面的想法。

或者我们可以把 T 恤衫和红绿灯整合到一起，创造出一件可以控制的 T 恤衫，你可以穿到俱乐部去。当看见你想要交谈的人时，它会变成绿色；当看见一些你不想说话的人靠近时，它就变成红色。

两种方法都试试，选择一种你希望使它们更有趣或更吸引人的产

---

① 任天堂 Wii，一种家用电视游戏机——译者注。

品或服务并且设置两个列表。一个列表中是普遍领域里你开始构想的东西；另一个列表中的东西跟它们没有明显的关系。

　　然后至少花15分钟对每个列表进行头脑风暴式思考，看看哪个列表会给你带来更好的创意。

45

从大自然中学习

大自然为新的创意树立了一个很棒的典范

有时候人们也称之为"仿生科技"：被大自然激发的灵感所创造的新发明。其中一个最为著名的例子就是魔术贴，它是根据种子上的爪钩发明的，但是这里还有许多其他的例子：

◎ 为了研制新的黏合剂，科学家们正在研究壁虎如何能很好地黏附在墙壁上。

◎ 海参，在正常情况下它是娇嫩柔软的，但是它可以分泌出化学物质使它自己的皮肤变得坚硬。这种现象已经激发出了一种新的塑料发明，这种塑料在接触到水的时候会自动地由坚硬变得柔软。

◎ 在速比涛公司工作的设计师们通过研究鲨鱼的皮肤从而设计出一种新的游泳衣（在 2008 年奥运会上大部分金牌得主都穿着它，包括迈克尔·菲尔普斯）。

◎ 日本高速列车的静音运行是源自于通过模仿猫头鹰的特性和翠鸟的鼻子而提出的消音设计。

你并不需要成为一个科学家或者设计师去模仿自然，也不必去上仅限于高科技应用的自然课程。和更多关于大自然的文字形式一样，我们也可以象征性地运用自然。

举个例子，设想一下一个毛毛虫破茧而出变成了一只蝴蝶。这只蝴蝶就是经历了一段时期的发育而产生的变形。那么我们如何运用这个设想呢？

在我的《你的写作导师》（由布莱雷出版社出版）这本书中，我在每一章节的最后都加入了一个代码字。当你读完这一章的时候（在发展篇里），你可以登录网站（www.yourwritingcoach.com），然后输入那个代码字，就会出现一系列赠品，包括采访电视连续剧《24》合伙人的录像，一个书籍代理商，和一些其他的东西（这就可以变成一个不同信息的来源）。

另外一个例子：如果你有一个在线的或者离线的零售业务，在顾

开启创造力的 100 个法则

客已经付给你一大笔特定的钱以后，你怎样使你和他们的关系发生改变呢？也许那时他们会成为你俱乐部的 VIP 会员并且获得独家优惠，或者他们有资格成为每月一次的抽奖活动的人选。

如果你想从大自然中汲取灵感，那么就从大自然中能激起你兴趣的一系列事情开始吧。然后试着可以从文字上或者比喻上阐释每一件事情，去解决你一直试图想解决的问题。也许你会发现大自然母亲知道的最多、最好。

46

把你的兴趣和技能结合起来

> **随机地匹配你的兴趣和技能
> 可以给你提供许多赚钱的新思路**

当你想要得到新的方法去做你喜欢做的事情时，这个方法是很棒的。这是弗雷德里克·莱尔曼首先在一个电台节目（夜莺柯南）上提出的"繁荣意识"观点。他把这个观点叫做"繁荣拼字游戏"。下面是这个拼字游戏的玩法：

把纸片裁剪成边长为一英寸的正方形，一共需要一百张。

在其中的 50 张纸片上写上你真正喜欢做的事情，像园艺、绘画、听音乐、游泳、看电视、自己动手酿酒、看鬼故事等等所有你能想到的，能带给你快乐的事情都可以写在上面。

在另外的 50 张纸片上写下你的技能。例如，你可能擅长烹饪，会和小孩交流，能做会计，乐于助人或者是身体健康。同样，尽可能多地写出你的技能，每一张片上写一个。很多情况下，两组纸片上会有重复的内容。

把所有这些纸片都翻过来，将它们尽可能地打乱（但是保持两组纸片分开）。然后分别从两摞纸片中取出一张，动脑想一想你怎样能把它们联系在一起（如果你不巧抽到两张一样的话，重复上面的操作，再抽两张）。

另外一种方法是，你准备两组有编号的纸片，一组写上你喜欢做的事，另外一组写你擅长做的事，然后随机匹配一组的一个编号和另一组的一个编号。

以我抽的这两张纸片为例。从"喜欢做的事"这组我抽到的纸片上写的是去剧院；从"擅长做的事"这组我抽到的是播客（也许你不太熟悉播客，播客就是创建一个音频或视频节目在互联网上传播，包括通过 iTunes 传播——你会在我的网站 www. jurgenwolff. com. 上看到）。

如果我想通过组合这两个方面来找到一种新的挣钱的方法，一种

法则 46
把你的兴趣和技能结合起来

选择是创建一个关于剧院的播客。我住在伦敦，离伦敦西区很近，因此我很有机会做这件事情。全世界的人们都喜欢伦敦西区的剧院，因此，很快我就会费心考虑，一旦这个播客能吸引大量的观众，我到底是应该为这个播客找一个赞助商，还是应该出售广告时间这类问题了。

我想到的另外一个组合是看电视和教学。我怎样才能把它们结合到一起来挣钱呢？也许我可以评估一下目前最流行的电视节目是哪些，然后围绕这些话题开一个研讨会。例如，目前我写的这个"龙的巢穴"很受欢迎。我碰巧有很多经验，知道怎样对于电视和电影提出评论，这也很类似于对商业发表自己的意见。因此，为那些信心百倍的企业家们创建一个工作室，采用我题目中或是宣传单上的"龙的巢穴"的观点（当然你应该很清楚我和这个电视节目没有正式联系过），这也许是个很好的想法。

尝试一下，你可能会发现也许所有的组合都可以成为有利润的新事业的起点。

119

法则

47

在一个不同的池塘里钓鱼

> **面向不同的对象做你曾经做过的事情，可能会使你发现一个新的、有利可图的市场**

许多情况下，人们一旦向特定人群出售了产品或者提供了服务，就会追踪相同的客户群体。通常，避免蜂拥而来竞争的最好办法就是如何把你的产品或服务推销给不同的消费者。

任天堂 Wii 就是一个很好的例子。曾有一度，当许多视频游戏公司把目光锁在那些喜欢打斗或枪战的游戏产品痴迷者时，任天堂公司的人认识到外面还有庞大的、全新的潜在客户群，他们喜欢游戏但是不喜欢打打杀杀。运动控制元素也是一种新的反应方式。他们产品开发的结果是成功地甩掉了竞争对手。

通过吸引不同的群体，你会发现未知的客户，具体的行事准则如下：

◎ **老龄人群**。你的产品或服务或许已经吸引了儿童、少年、青年人或中年人，那么老年人呢？

◎ **性别**。你调整了产品或服务使它吸引不同性别的人群了吗？

◎ **地理位置**。你可以把产品或服务提供给住在别处的人们吗？或许可以通过互联网进行。

◎ **职业**。你是否想过让你的产品或服务对其他职业的人也有用处呢？

◎ **爱好**。你是否可以改善产品或服务，把它推销给有不同爱好的人们呢？

◎ **个人情感关系状况**。你是否可以改善产品或服务，使它更吸引单身人士呢？或者更吸引已婚人士？或是新近订婚或离婚人士？或者刚刚荣升父母的人士呢？

◎ **价值观**。你能使你的产品或服务更加吸引那些更关注环境保护的人士吗？或者那些担心自己人身安全的人士？或者那些想被高层关注的人士呢？

121

让我们具体来看一个例子，理财师们正在努力寻找新生意。参照上面的单子，他们可能想出这些主意：

◎ 特别推出帮助老年人理财的产品。

◎ 推出针对刚步入工作领域的新毕业大学生的产品。

◎ 特别推出针对个体经营者，或者更具体地说是自谋职业者的产品。

◎ 推出针对那些为孩子们计划未来的年轻父母们的产品。

◎ 推出针对那些对于道德投资很感兴趣的人士的产品。

一旦你决定了哪类个体和群体可能是你新的目标客户，你需要想出如何可以有效地向他们推销你的产品或服务。关于这一点，也许我的书《企业家的市场策略》可以帮助你。

当然，不是每种产品或服务都能适用于这种变体模式，但是你可以给自己一个惊喜，看看你可以改变多少种产品或服务。当大家都在这一个池塘里钓鱼时——去找另一个池塘吧！

法则

48

赋予你的创意新的用途

> 对于已经存在的创意，在不同的条件下尝试用新的方法来运行它们，可以使之产生新的价值

赋予你的创意新的用途也可以被叫做"回收再利用"——不是出于生态目的，而是出于利益所在。例如，如果你写了一本非小说类的书，你基本上可用同样的信息写出如下作品：

◎ 一本有声读物。

◎ 一系列播客作品。

◎ 一个现场研讨会。

◎ 一些电话研讨会。

◎ 一部教育视频或者多媒体作品。

当然，你需要保证这些作品与你的出版书籍之间没有合同冲突，即没有直接来自你的书籍上的相同内容。事实上，大多数这类作品都是书籍的补充。那些出席现场研讨会、参加电话研讨会、听播客或者观看视频的人们会很乐意地购买书籍。

另一个例子是我的一个朋友，他是一名儿童艺员，被叫做"挤压先生"。他是如何重新再利用他的木偶剧的呢？他想到如下的方法：

◎ 把他的演出拍成视频片，在他表演的晚会现场出售——孩子们喜欢一遍又一遍地观看相同的事情。

◎ 录制现场演出的内容，包括孩子们的笑声，把它制成 CD 出售给出席现场的儿童家长们。

◎ 把这场演出制成图画书出售，主人可以把它当成礼物送给出席他们孩子生日聚会的小朋友们。

从这两个例子你可以看出，赋予你的创意新用途的方法可以包括利用你能想到的所有媒介：

◎ 音频。

◎ 视频。

◎ 打印稿。

◎ 现场事件，包括研讨会、讲座和电话研讨会等等。

你又能想象出多少种方法，重新赋予你已经知道或者已经做到的事物新的用途，并且用之赚钱呢？

49

借用别人的方法

> **在你的挑战中借用一个成功企业的方法
> 可以使你获取成功**

　　有许多成功企业的方法你可以借鉴，尽管它们可能跟你的领域不相关。事实上，如果它们真的不在你的相关领域也许更好。否则，你就会仅仅是抄袭它们已有的完美成果。使用这类模式的方法是首先找出成功的商业案例或实践方法，然后运用到你的事业中。

　　下面介绍的是我是怎样首次产生这种想法的。有人读了我写的博客（www. timetowrite. blogs. com）后，给我发邮件，希望我能帮他想一个电影剧本。他想写一部主角有某种探求精神的电影，故事发生在一个特定的历史时代。以下就是我给他的意见：

　　看一看你真正喜欢的并且是非常成功的电影的故事情节，这就像司机一样带你寻找情节。仔细考虑如何替换不同的元素，编造自己的故事。

　　以《E. T.》（外星人）为例基本剧情是一个孤独的小男孩试图保护一个外星人，使其免于官方的伤害，并且帮它返回家乡，在此过程中，小男孩领悟了友情的真谛。

　　如果你把这个故事转换到另一个时代，谁是那个亡命天涯的人？不是一个外星人，也许是个逃犯，或者是一个持有危险政见的人。谁肯帮他呢？也可以是一个孩子，也可以不是。可以是名仆人或者是其他类型的被驱逐者。谁会是追赶逃亡者的那些坏家伙呢？那些试图帮助他的人的人生会遭遇到怎样的危险呢？

　　这看起来可能像是剽窃，但是当你成功地把这些情节融入到你的时代或者环境中的话，就会得到完全不同的故事。

　　这个过程不仅局限在写作上。你也可以用它来分析一个成功生意的独家窍门，然后把它运用到你手头的事物中。

　　例如，迪士尼公园做得非常好的一件事就是如何把顾客排队等候的怨气减小到最小。它们的做法通常有：

127

◎ 它们在你排到位置前，会告诉你排到哪儿了（它们总是过多估计时间，这样你会很开心地发现你少用了时间）。

◎ 它们提供一些可以分散注意力的东西，如摄像屏幕、现场表演、音乐，或者把这些结合在一起。

◎ 它们会组织队伍不断移动，给你一种假象，暗示很快就会排到你。

如果你要干的生意需要顾客不得不排队的话，迪士尼公园模式就是一个典范（迅捷，有人这样告诉邮政服务系统）。

总的来说，要使用这种方法需要遵循以下三个步骤：

1. 确定一家非常成功的公司，它的成功因素与你目前所做的事有共同之处，但又不在完全相同的领域。

2. 列一个单子，分析这个公司的成功事例中所采取的最重要的因素。

3. 仔细思考怎样才能把这些因素转换成你所需要的。

当你把它们的创新方法应用到你的领域中后，你会因为该项创新而受到赞美（你获得的过程是你我之间的小秘密哟）。

网站奖励

登录 www.jurgenwolff.com 网站，点击"Creativity Now！"按键，奖励 13 是一段录像，讲述拉斯维加斯的赌场采用哪些方法让你不停地赌钱。

法则

50

相信"鸡皮疙瘩"

为了让其他人对某些事情感到兴奋，首先你必须对之激动起来

有人曾问伟大的昆西·琼斯他如何得知一首歌曲或者一张唱片集将会风靡一时的。他说有些做音乐生意的人相信采用焦点小组讨论和其他研究策略的方法可以确定歌曲或专辑是否会走红，但是他的方法不同。他说：

"我相信鸡皮疙瘩。"

他知道如果你创作的作品让你起了鸡皮疙瘩，那它也会让别人有相同的感受。

下一章节里我会给你提供一些可以把你的创意转变成现实的方法，在你读到下章之前，为了追寻你的每一项方案，我建议你写下下面问题的答案。然后在接下来实施该创意或方案的过程中随身携带这些答案。

◎ **当用户体验我所创造的产品时，我想让他们感觉到什么呢？**

大多时候，我们希望能为使用我们产品或服务的用户创造出一种特定的用户体验模式，而且通常用户体验最重要的部分是富有情感的。那么你想唤起什么样的情感呢？

◎ **对于我个人而言，最令我兴奋的是方案的哪一部分呢？**

这些因素通常是最古怪或最独特的，因此又经常是第一个被淘汰的，因为它们不符合一个已经确定的模式或规范。然而，它们也可能恰好是那些能引导你获得重大突破的因素。

◎ **我为这项方案带来什么样的独特优势呢？**

专注于你的优势，而不是你的劣势，并且找出使这些优势运用到方案里的方法。

◎ **我的直觉将会引导这个方案向着哪个方向发展？**

这是你开始做"鸡皮疙瘩"提案的一部分原因。当你完成这项方案时，对于你所能完成的工作你会有什么样的感觉和预感呢？

◎ **我能成功完成这项方案的十个原因是什么？**

当我们有一个全新的想法时，通常我们的第一反应是找出许多不可能做成的原因，并且如果我们真的做不成了，好友和亲人们都会很乐意地顺从我们的消极心理。有意识地列出能够成功的十个原因能够帮助我们消除这种习惯。

◎ **当评论家们检查这个方案时，他们又会给出什么样的评论呢？**

尽可能详细地——甚至坐下来，写出自己的总结。

为你所做的每一个方案保留一个日志，把这些问题还有答案放在你写的日志的第一部分。完成方案的过程常常不会太顺利——这时回顾日志，想想这个方案是怎样和为什么让你起鸡皮疙瘩的，这会有助于你完成整个方案的实施过程。

我吗？每当我想到在这本书的帮助下，你将会完成多么伟大的创意时，我就会起鸡皮疙瘩。

第 3 部分

应 用 篇

在这章里将不会有其他章节中所谈到的创造力。

这章会谈到你如何产生新奇的、闪闪发光的好主意，并且将它们付诸实践：做计划，保持关注力，合作，测试，修改，把首次遭拒当成是你前行的动力，熟练地支配时间。

这章会很难。

这章会给你带来金钱、荣耀或者两者都有。

让我们步入正题吧！

法则

51

召唤你内心的"行动"自我

要想把梦想变成现实需要改变你的心理状态

在上一个法则中，我描述了如何召唤内心的"创造力"自我，即你内心很善于思考，能冲出既定框架的那一部分。那种状态很适合产生新奇的主意。但是当你的目的是把一部分理想变成现实时，如果你还处于那种状态的话，你可能永远也实现不了你的预期目标。如果你有开始做事但从没完全做完的历史的话，这也许是因为你待在梦想状态的时间太长了。当梦想者遇到一个障碍时，他们的内心就会转向其他他们可以做到的事情。他们会被那些鲜明的、发光的新主意所诱惑，从目前从事的项目中分心而去。结果就是产生了一系列半途而废的方案和挫败感。

解决办法就是当你想把想法变成现实时，召唤你内心的"行动"自我。这个过程与你召唤内心的"创造力"自我时的过程相同。以下就是这 5 个步骤：

1. 记住一个你很坚决果断并且关注如何做完事物的时间。可以是最近的某个时间，也许是你不得不追溯到孩提时代的某个时间。

2. 运用你的想象力，真实地还原你处于那个状态时的世界是什么样子，你对自己说了什么话，或者别人对你说了什么话，特别是你身体的感觉是什么样子。

3. 当那种感觉非常强烈时，做一个像是把你的拇指和一个手指压在一起那样的手势。注意要与你呼唤内心"创造力"自我时所用的手势不同。例如，也许你那时是用拇指和食指，这一次你就用拇指和小手指。

4. 分几次单独地练习这个动作。你就会在这个动作和你的情感之间建立一种联系。

5. 下一次当你想采取特殊的、需要集中精力的行动时就做那个手势，你就会发现你自己又返回到了内心"行动"自我的状态了。如果这种感觉开始减弱或者你又开始分心或者失去了那种状态时，重新在开始确立那种手势。

一直保持那种状态，直到你完成了工作任务，然后决定在这项任务中你接下来想做什么，哪种内心自我能够最好地为你服务。正如我以前所提及的，经过不断地练习，你可以拥有一长队的内心自我支持你、鼓励你。

52

创建一个行动导图

创建一个"你需要做什么"的表格，
有助于你集中注意力，关注你目前从事的活动

在前面的章节中，我提到要用一个脑图来列举出你对一个要想进一步研究的创意的所有想法。对此，你需要全面的思维，它应该是你创意的延伸。但是现在你要有具体行动了，那么你所需要的就是一个行动导图。

一个行动导图跟一个脑图所使用的基本结构是一样的，但是想法不同。你要列举出来的是一个行动任务，因此不能随意地编排，而是要按照时间的顺序排列。

下面的一个行动导图例子能够很好地展示整个过程。这个方案的名字在中心处的椭圆里。这一次的方案是要重写我的关于时间管理的电子书。经过头脑风暴阶段的思考，我知道了该如何使它变得更有用处，现在是运用这些想法的时候了。

同样，我们也从一点钟的位置开始。第一个任务是再次阅读这本已经存在了的书，这样能让我的思维集中到这个主题上。然后我们顺时针看下一个任务，重新构建整个内容结构。在分支之上有一个副分支，说的是"按照时间表的顺序（on a time schedule）"。这句话我想说的是：我计划使书的内容结构按照时间表的顺序排列，这样读者们就会一步一步、一周一周地按照本书来修改他们的时间表了。

下一个分支是"添加内容（add content）"。副分支说明有两种形式的新内容：（i）一些读者们可以填写的表格，能帮助他们把书中所写的原则运用到他们自己的生活中去。（ii）一些小测验，可以帮助他们找出他们需要做什么。

下一个分支是"添加图片（add graphics）"。因为我计划增加本书的视觉效果。副分支是"使用艺术部分（use art parts）"，指的是我所拥有的一系列图片的名字。

下一项是"测试（test）"。因为我总是愿意确保我所提供的每一

件事情，实际上不但对我自己有用，对别人也有用。接下来我要开一个研讨班，而且会给参与者们提供这部分新材料的测试版。

下一项是"最后修订（final revisions）"。要包含我的测试版部分得到的所有反馈内容。最后一步是"重新格式化（reformat）"这本电子书。我已经表明我不是太确定是我自己做图片设计还是找人来做。

使用"行动导图"的一项重大好处就是它会强迫你思考整个行动过程。如果有一些步骤你还不太清楚的话，写下你认为它们应该是什么样子的，但是要加上一个问号。当新的信息出现时，你可以总是很迅速地添加或重画到"行动导图"上。典型的例子是，我在做一个方案时，总是重画我的行动导图至少 3 遍以上。

因为已经深思熟虑了整个方案的实施过程，所以你就会有一个简明扼要的、清楚易读的实施计划。你可以在做完每一步后用荧光笔把这一部分划掉。

当你完成了整个方案后，保留这份行动导图，以便你将来要做一份相似的方案时可以参考使用。那时就不需要再重新发明创造，你可以从一份已经证明行之有效的计划书开始你的设计。

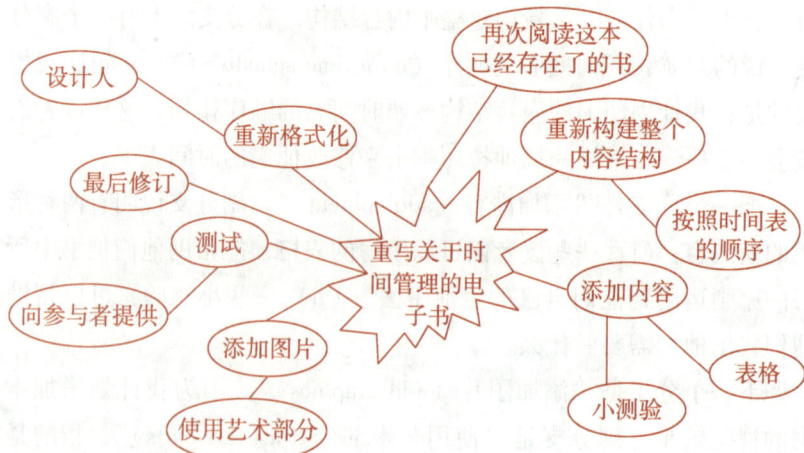

53

为了获得成功，先要寻求帮助

> **作为一名先驱者是很孤独的。如果你仔细研究那些在自己的领域里取得巨大成功的人们，你会发现他们很少是靠自己取得成功的。不要害怕寻求帮助——即使是要从那些不同寻常的渠道获得帮助**

　　广告业传奇人物乔治·劳易斯就很敢于寻求帮助。事实上，那也是他如何拯救 MTV① 的办法。在他们合作的第一年里，MTV 失败了，因为美国的有线电视运营商们拒绝运营它。他就设计了一些商业广告，在结尾处宣称说："如果你的住处还没有 MTV，打电话给有线电视运营商们……"然后迈克尔·杰格（或者是彼得·汤森德或是帕特·伯纳塔）会在电话里大喊："我想要我的 MTV!!!"

　　劳易斯告诉我："在每一座城市里，都有成千上万的人在看完广告后打电话强烈要求安装 MTV！几个月的时间里，MTV 就走进了 80% 的家庭中。"

　　在一张单独的纸上写下你想要做的事情。然后仔细思考谁有可能会帮助你实现它们。以下是一些可能的选择（提示：想想你可以给谁提供帮助，正如你可以从谁那儿获得帮助一样）：

◎ 顾客们（或者是那些被打动的顾客，就像 MTV 的例子）

◎ 供应商们

◎ 同事们

◎ 家庭成员

◎ 竞争对手们（你能发现一个双赢的共同点吗?）

◎ 某些使用你产品或者服务的名人们

◎ 朋友们

---

　　① MTV（Music Television）是全球两大音乐台之一，专事播放 MV 的电视网——译者注。

为了获得成功，先要寻求帮助

◎ 那些与你有着共同的顾客群体但又不是你竞争对手的生意伙伴们

◎ 媒体

谁最有可能帮助你呢？把他们按照姓名、职业或特征描述列举下来。

最后，仔细想想你怎样才能**刺激**他们帮助你呢？（乔治·劳易斯是通过摇滚乐巨星来刺激他们的）下面也有一些很好的刺激手段（当然是正确合理地运用它们）：

◎ 薪酬

◎ 讨好——你怎样才能使它们看起来更好，更吸引人呢？

◎ 双赢交易

◎ 仅仅是请求帮助

◎ 互惠原则

◎ 认可（发证书、当众感激等）

◎ 跟有价值的事情结合

◎ 跟名人结合

现在回到可能帮忙者的名单中。你该怎样刺激他们每一个人呢？只要得到恰当的帮助，几乎一切皆有可能。开始寻求帮助吧！

54

让人们先尝试一下

有时候为了销售某物，你不得不先给个样品

当你要做点与众不同的事情时，别人会因为想象不到你的产品、服务或者创意而很难跟上你的脚步。如果你为了完成计划而又不得不需求他们的帮助的话，有一个好策略就是让他们先尝试一下。如果冰激凌接待室的做法很有效，那么它对你的计划也会奏效。这个策略对于艾瑞克·爱都也同样有效。根据（伦敦）《时代周刊》报道：其他的"巨蟒"小组成员开始时并不愿意艾瑞克使用他们的材料来出演他的音乐剧"火腿骑士"——直到他给了他们一个样品后他们才同意。艾瑞克说：

"那是最困难的事——要劝他们说这一定会成功。我们给他们演奏了其中的一首歌曲——'像这样的歌声'——然后他们就妥协了。这就是秘诀。"

这个音乐剧后来在百老汇和伦格西区剧院上演。

要使用这个方法，首先要回答下面这些问题：

◎ 你需要赢得谁的支持？

◎ 他们最大的怀疑或拒绝的理由是什么？

◎ 你方案的哪一个部分最有可能克服这些疑虑？

◎ 你怎样才能把那个部分变成一个样品？一个样机会有用吗？一副绘画会有用吗？还是一卷录像带或者一份仿真软件好用呢？

一旦人们尝试过了，而且真的好用的话，人们就会购买。

55

出售，预售

让你的听众有所准备会令他们更容易接受

你也许认为在接近你的目标听众（也许会是顾客或者你的老板）之前完善你的产品或服务是最好的方法，但是很多时候，提前让他们有所准备会更有效果。如果你能再让他们有参与的感觉，他们会更容易接受。

这个原则背后有这样一个事实：无论大多数人是如何认为自己是一个多么有前瞻性意识，多么有创新精神的冒险者，我们还是害怕改变。如果你想到了一些新的东西，里面就会包含着改变。这就是为什么大多数的创新会被阻挠。有一个一直认为自己是约翰（www. indefinitearticles. com）的博主总结了创新的五个阶段，我把他的观点阐释如下：

1. 否认。认为新的东西永远不会有效。

2. 愤怒。对于有一些人可能欣然接受变革很生气。

3. 大打折扣。试图寻找一种方式接受这种变革又没有任何实际上的真正改变。

4. 悲哀。因为自己年龄太大或者是信息不灵，不能应付变革而感到悲哀。

5. 接受。

我再加上一个第六个阶段：

6. 假定。假定你会一直支持此项变革。

你如果曾经试图向一家大公司介绍你的变革，这些阶段可能会很常见，令你气馁。以下这三种方法可以帮助你，让你的目标听众对你提出的这项重大变革有所准备：

1. 让他们更好地意识到这项变革将会用来解决的问题。例如，对于我的"时间管理策划"项目，我可以给我的目标听众们发送一份调查表，提出十个关于他们如何使用时间的问题。他们在处理邮件时会感到沮丧吗？他们在生活中会遇到"时间吸血鬼"——那些在

开启创造力的 100 个法则

琐碎事情上浪费精力和时间的人吗？他们做事会拖延吗？此时，我只是收集一些数据，而不是试图销售任何东西。但是当我接着提供一份产品，可以解决这些问题时，我的目标听众们就可能会对这种产品非常感兴趣了。

2. **向他们请求输入。**我也可以向我的目标顾客们派发调查问卷，向他们咨询在"时间管理策划"项目中他们想要看到什么样的特色。同样，在这个阶段没有任何涉及销售的部分。但是如果接下来我向他们提供一份产品，能够清楚地解决他们提出的问题时，他们会很乐意购买。

3. **向他们请求反馈。**向他们提供你产品的测试版或者允许他们免费尝试你的样品服务，然后询问他们需要什么样的改善。当你稍后给他们提供你的真实产品，表现出考虑和接受了他们的观点时，他们就会有一种归属感，同样，就会倾向于购买你的产品。

这些策略不仅可以帮助你销售产品，它们自身也很有价值——它们能够帮助你确保你所设计的产品或服务切合你的潜在顾客群的需求，而不仅仅是你对顾客需求的猜测。这两点好处就使它们成为一个极其重要的部分，可以帮助你把想法转变成有利可图的现实。

56

使用 OPM

如果你资金短缺，那么使用 其他人的钱（other people's money）吧

有一种更为精确的预售说法，就是在产品存在之前进行销售。艺术家凯伦·斯柏林就曾这样做过。她是个非常擅长使用一个叫做 Painter 软件程序的专家，可以把照片转换成绘画作品。她已经在国际范围内讲授课程，并且已经出了许多本书。当她决定写书并且自己出版关于这个主题的书籍时，她让人们先预定且提前支付书费，等六个月后就能拿到书。

这是个聪明的办法，因为这能让她马上知道有多少潜在顾客愿意购买这本书，当然这还意味着她可以用他们的钱出版这些书。如果你要使用这个办法，但你又没得到足够多的资金，你可以再把他们的钱返还给他们，这样双方都没有损失。

我的一个朋友叫克里斯·琼斯，曾经使用了类似的方法为他的获奖短片——《迷失的鱼》筹集资金。他很想拍摄一部电影，能够展示他的导演才能，因此，如果有人能为这个电影捐助 50 英镑，他就给他提供一张联合制片人的信用卡。他们的名字会被写在（以很小的字体）电影的最后。他成功地募集了超过 15 000 英镑的资金，拍摄了一部非常感动人心的电影，主演是比尔·帕特森———个在几百部的电视节目和电影中出现过的影星。这部作品可以与奥斯卡获奖作品相媲美。我们中那些投入了钱的人们知道，我们永远也收不回那些投入的资金，这只是一种支持一个颇有抱负的电影导演的一种方法，同时还能从中获得一点乐趣。

如果你有一种方法能很容易地和那些已经知道你并且信任你的潜在顾客沟通的话，用这种方法来募集资金的效用最大。如果你没有自己的顾客群，也可以和那些拥有顾客群的人们合作，作为交换，你可以提供给他们佣金或者等价的服务。

因此，如果你发现让你的梦想变为现实的需求是由于缺少资金而实现不了的话，考虑一下如何使用其他人的钱吧！

法则

57

宣布一个 MAD——大规模行动日

在集中的一天里只做你的项目能产生原动力

在随便哪一天里，你只有一件事情要做的情况都很稀少。能够在同一时间里决断好多个项目是一个必需的技能，但是有些时候，当我们把工作日分成很多、很小的单元时间后，我们会感觉没有一个项目推进到一个令人满意的程度上。

其中一种解决方法是安排一个 MAD——大规模行动日。它可以简单地被理解为在某一天里，你放下其他所有的事情，只集中干一个项目。这需要你关掉手机、邮箱、电视以及取消所有的社交安排。如有必要，你可以把邮箱服务设为自动回复，告诉人们你第二天再回复他们。屏蔽任何电话，只回复那些涉及即将失去生命可能性的电话。把你手头所拥有的所有资源都准备好，开始你的大规模行动日。这些资源包括文件、办公用品、电话号码表、软件等等。这样你就不用耗费你的上半天来寻找材料。

设定一个定时器，可以放在你的电脑桌面上，或者就用个厨房定时器，定时 45 分钟，在这段时间内不能停顿。当定时器响了以后，花 5 分钟的时间休息一会，喝点水，围绕办公室走动一下，做点简单的运动来恢复精神；如果想上厕所的话，再加上上厕所的时间。然后设定另外一个 45 分钟，如此重复。每三个这样的定时过后，休息 15 分钟。坚持吃健康的、不油腻的食物，这样你才不会没有精神。如果有需要的话，你可以在每天早些时候喝适量的咖啡。

当你已经在这个计划上投入了 8 个小时后，你会发现你已经完成了比你平常几个星期所做的还要多的工作了。你也可能会感觉到很疲惫，但是这是一种很有意义的疲惫。

任何时候你想要获得原动力时，请使用大规模行动日吧！你甚至可能会发现你每周都有一天想把它变成是大规模行动日——如果你真的做了，你会使他人（和你自己）震惊于你的新效率。

58

运用帕累托原理

20% 你所做的事情会为你创造 80% 的价值

帕累托原理，也被称为 20/80 原则或者最省力法则。源自于意大利经济学家维尔弗里多·帕累托对意大利 80% 的土地被只有 20% 的人口拥有的观察结果。从那以后，它已经被扩展到许多其他领域，好像也能反映在我们的日常生活经验上——例如，80% 的时间里，我们都穿着衣橱中 20% 的衣服。

这儿我们关注这一应用的原因是在于这一概念：20% 的你所做的事情会为你创造 80% 的价值。这被时间管理专家们提出的观察结果所证实：大多数人在每天 8 小时的工作时间内，真正做事的时间不会多于 90 分钟。

明显的结论是：如果你可以找出最有价值的 20% 是什么，再多做一些的话，你就会得到更多的价值。为了有时间来致力于这 20%，当然你就不得不消除一些不是很有价值的 80%。你现在就可以尝试一下：列出目前你做的、赚钱最多的五件事（当然，赚钱不是衡量价值的唯一标准，但是，它是我们目前关注的一个话题）。

现在请你列出你目前在做，占据你的时间，但实际上没有给你带来多少价值的五件事。其中有些也许是很必需的，即使它们不能提供直接的价值。例如，文件归档不能直接给你带来价值，但是，如果你永远不做的话，最终会影响你做那些有价值事情的效率。这个想法不是必须去除这些事务（除非你能），而是把它们转授出去，以便将更多的时间花费在那些会让你的收入大大增加的事务上面。

这些事务中的哪项不会增加很多价值，你可以转授呢？向谁转授呢？（如果你不能确定，这一章中的外购篇中的讨论也许会对你有所帮助）如果你不需要花费很多时间做这些事情，哪一项是最能创造价值的项目，值得你花费更多的时间呢？你认为你花费大量时间做事的结果会是怎样呢？

你也可以把这个原则应用于某个特定的项目。你最需要完成的、最重要的 20% 是什么呢？你可以或者必须转授什么呢？例如，在前面"创建一个行动导图"这一章的讨论中，我提出的其中一个任务是对一本电子书进行格式修改，我列出了使用图标设计者代替我做的可能性。主要是因为一个设计者会比我做的更快、更好，而且这也会使我有更多的空闲时间来做我那最重要的 20% 的活动。

如果你怀疑帕累托原理，你可以通过使用它，哪怕仅仅一天的时间，来进行体验。想出什么是你那天需要处理的、具有最高价值的任务，然后只投身于这些事务。这和大规模行动日不同，因为在这一天中，你可以做几个项目，但是每个项目中只做那些能创造出最大价值的方面。在这一天结束后，评估一下你的成果。我猜测你会成为一名80/20 原则的爱好者。

网站奖励

155

登录 www.jurgenwolff.com 网站，点击"Creativity Now！"按键。奖励 14 是向你展示如何应用 20/80 规则到那些待完成的事务中，以便提高你的生产效率。

法则

59

测试样机

你不需要一个完善版产品才能获得有价值的输入

如果你在发明很复杂的东西，所有的工作投入结果只是在测试环节或者观众反应过程中才发现存在着缺陷，这可能是毁灭性的打击。在很多情况下，创造一个样机或者虚拟的版本，或者一个没有完成但是完全足够得到反馈的版本可能会避免这种状况。

例如，以非小说类的书籍为例，出版商不需要看到一个完整的手稿才能决定是否出版这本书籍。通常他们更喜欢看一个计划书，包含目录表，每一章节的简介，一两篇章节样本，以及最有竞争力的话题，还有你怎样帮助这本书打开市场的建议等等。这样他们也可以在你实际写出这本书的大部分之前，针对你的书籍提出建设性的意见。

在工程学中，样机也很普遍。一个设备在投入生产之前，要进行建造、测试、调节，甚至在必要时要重新设计。

相类似的是，软件系统也会先行发布一个测试版本，让那些早期用户发现漏洞，以便使设计者们在这个软件被广泛使用之前，修补好这些漏洞。

不同的项目需要不同的方法来达到相同的结果。下面有五种方法可以供你选择：

1. 创造出一个部分完结的版本，但是对于剩下未完成的那部分要足够清楚地描述，以便能够让你的目标群体给你反馈。上文关于书的计划书就是一个这样的例子。

2. 创造一个虚拟的版本，在它实际建成，出现在真实世界之前，展现出最终产品的样式和功用。这个也可以表现为设计一个关于它的3D 示意图，让人们可以在电脑上进行交流。

3. 选用已经存在的某种事物（可以是在现实世界中或虚拟世界中），增加一些你认为会使你的版本优于其他版本的功能，然后进行测试。例如，如果你有一个优于其他烤面包机的好想法，在创造出一台全新的机器之前，你可以选用一个已经存在的烤面包机装备它，增加你所想的新功能。

4. 测试一个较小的版本。例如，与其说要开一个你自己的店，你不如先在购物中心甚至于其他店铺里开一个小柜台来测试一下顾客的反应。

5. 在有限的数量范围内进行测试。例如，你可以先数码打印一些小册子或者目录，这样就会在你打印几千册之前获取一些反馈信息。

当你已经找出这些方法中的哪一个最适合你的创意时，你就会获取一个方案，既节省了时间和金钱，也使你的产品和服务得到突破。

© 张智波 2011

法则

60

借助外力

> **有时候借助外力的作用远比**
> **单枪匹马地去做要容易得多**

有时候令人奇怪的是无论你的观点是什么，它都是一种已经存在的理论的改良版。如果"某件事情"有效果的话，那么明智的选择应该是寻找一种外在的推动力去使它继续下去而不是试图去提出一个全新的理念。这种借助外在推动力的方法在创造和市场销售过程中都是一个非常好的做法。在前者（创造过程）中，它可以节省你的工作量。在后者（即市场销售过程）中，你会发现人们普遍可以更快地接受（和购买）与他们所知道的东西相关的商品。

这儿有一个我亲身经历的例子：我正在研究一个新方案，探索如何能把你们的时间管理得更好，但是我很感激这项工作已经被戴维·艾伦完成了。戴维·艾伦是《尽管去做》以及其他一些书刊的作者，这些书刊已经在世界范围内取得了巨大的成功。在我的题材中，我对他的著作表示了认同，并且清楚地表明我所提供的方法是为了使他的方案更加有效果（当然，这并不是暗示他赞同我的工作或者与我的工作有任何正式的联系）。

下面是这种借助外力的四个步骤：

1. 列举出你最成功的竞争对手的最好的特征。

2. 动脑筋仔细想想在他们已经提供的事物上，你还可以增添什么样的价值。

3. 设计你的产品或者业务去实现那个价值。

4. 推销你的商品。你可以自己决定是否公开承认这次竞争（例如，为你的咖啡店做一个广告，给它取名为"超越星巴克"），或者不提及这次竞争。

在你和一位已经成功的人士或者公司的合作过程中，也有另外一种借助外力的形式。在出版业中，借助外力的其中一个例子就是《游击营销》系列丛书。杰伊·康拉德·莱文森写了最初的作品，然后现在他与不同领域的专家们一起合著在他们专业领域内的关于游击营销的书籍（例如，《顾问们的游击营销战略》和《求职者们的游击营销战略》等）。

如果有人在你的领域里已经建立了一定的知名度，他（她）也许会乐意和你合作并且共享收益。假如他们带来了可信度或者接近你目标客户的机会，那么这种合作带来的收益分红会比你自己去做所挣得的全部还要多。

网站奖励

登录 www.jurgenwolff.com 网站，点击"Creativity Now!"按键。奖励 15 是看看你我之间如何相互借助以产生创造力，提高生产力。

法则

61

外 包

让别人来做你做不好的事情

互联网已经完全地改变了外包的程序。虽然很多人仍然认为外包是仅限于客服中心的服务，但是当今社会你会很容易地发现来自世界各地的人们，他们渴望来承担你不想做或者不能亲自做的任务。而且他们要求的报酬可能比你在本地付的还要少。

外包很符合我们在本章节前面文章中所提及的"80/20 原则"。把你做不好的事情或者不能实现其最大价值的事情委托给别人做是很明智的。然而太多的时候，我们还是经常竭尽所能地去做这些事情，不管我们是不喜欢去做还是做得不是很好。

我不喜欢做或者做不好的一系列事情包括：

◎ 任何与账目有关的事情

◎ 亲自构建网络

◎ 当面推销

◎ 网页创作与设计

◎ 文件归档

遗憾的是，这只是全部清单的一小部分，但是你应该可以明白了。你的清单也许看起来完全不一样。但重点是无论你不喜欢做什么，世上总会有人喜欢做并且愿意为你完成它。是的，这的确会花费你一些钱，但同样也会空出你的时间，你可以通过做你做得最好的事（或者最喜欢的事）来赚更多的钱。

一小部分任务，比如文件归档，只能由目前在场的人来做，但是大部分任务都可以通过互联网来完成。有几百种网站，你可以在其上面列出你想要别人完成的事情然后让世界各地的人们投标承包这些任务。其中最主要的一个就是 www. elance. com 网站①。我自己也用过

---

① Elance 是全球最大的外包服务站点之一，成立于 1999 年，提供平台给买方与卖方，使双方都能找到最满意的合作对象，在这里企业可以雇用或与全世界各地的专业人士合作进行诸如网站设计、市场营销写作以及工程设计等项目——译者注。

这个网站，结果非常令我满意。在他们的"雇用"网页上，你可以看到一系列可供雇用的技能。包括计算机程序设计、写作和翻译、设计和多媒体使用、销售和市场推广、行政支持、工程技术和产品加工、账务处理和管理、法律援助以及其他更多的东西。其中有一部分技能是由个人提供的，其他的则是由公司提供的。他们可能在英国、美国、印度、埃及，或者世界上其他任何一个地方。

登录到这个网站并且选定你所需要的帮助范围，然后你输入你的工作和你提供的报酬区间（例如，在 50 美元到 500 美元之间），接下来说明你想让这份工作在多长时间内被承包。在这段时间内，许多人都会对做这份工作提出一个具体的报酬数。你可以通过网站查看他们的业务量或者有关工作能力的证明文件，也可以看看他们以前做过多少工作以及他们的顾客对他们工作的评价。

你可以选择在任何时候授予他们所要做的任务，并且把报酬打进一个第三方的账户。如果这个任务有好几个阶段，那么你可以在每一阶段完成的时候分期付款。

当任务完成后，你就把剩余的钱付清然后评价你得到的服务。这个任务可以是一次性的也可以是持续性的，就像行政支持一样。

我可以给你提供一个关于这种服务系统的规模的概念，在我写这篇文章的时候，供应商们通过 elance 挣的钱已经超过了 1.53 亿美元，并且仅仅在过去 30 天里就有超过 23 000 个工作被贴在了网站上。

我已经了解了 elance 的细节，因为它们的流程和大部分其他这样的服务机构很相似，并且有很多项目可供选择。大部分这样的网站都不向人收取在上面招募工作的费用。一些其他这样的服务机构还有：

◎RentACoder.com——按照字面的意思，他们专门从事计算机程序设计工作，但是也提供其他很多类型的服务。

◎HireMyMom.com——在这里许多技术提供者都是带孩子的妇女。她们在家办公，做虚拟助理、编辑、设计师、抄写员以及更多的工作。

◎Guru.com——他们称自己是世界上最大的在线服务市场，有着超过 100 000 个积极独立的、在各种各样的领域里都很出色的人才。

底线：世界各地的人们都急于帮助你把你的观念转变为新颖的、赚钱的计划，你为此付一点钱不会使自己破产。

62

保存一个创意盒

> **当你集中注意力于手头上的工作时，
> 找到一种捕捉其他创意的办法**

我经常会被问到一个问题——我想你应该也有同样的经历——那就是："你从哪里得到你所有的创意的？"有时我会回答说我在苏荷区的地下室里有一个储藏创意的盒子。

这个问题经常让我发笑，因为对于大多数富有创造力的人来说，有足够的创意并不是一个问题。问题在于要有足够的时间来实现这些创意。

然而，我们想要获得许多创意的倾向有时会变成一种阻碍。它可以很轻易地把我们的注意力从我们本应该付诸最多精力的工作上移开。特别是当事情进展的不是很顺利的时候，跳跃到一个新的工作上的想法是非常具有诱惑力的。同时，我们也不想让自己如此完全地专注于目前的工作，以至于让很棒的新创意溜走了。

解决这个问题的办法就是保留一个储藏创意的盒子。这只是一个简单的盒子，或者叫文件盒，或者是你用来储藏想法以备未来之需的文件夹。无论何时，只要你有一个和目前工作无关的新想法时，你都可以把它写在纸上或者一张索引卡上，然后把它放进你的创意盒里。如果你对一个特定的项目有很多的想法，那么把它们专门放在一个关于这个项目的盒子里。

当我读了她精彩的著作——《创意是一种习惯》后，我发现舞蹈编导崔拉·夏普也做了类似的事情。她的每一支舞蹈都从一个写着名字的盒子开始，然后把任何与她的工作研究相关的东西都放进这个盒子里。这里面包括记事本、CD 唱片、报刊剪辑录像带等之类的东西。

唯一的区别就是，我的建议是在你正式开始实施某个方案之前就保存这样一个储存创意的盒子，以此作为一种捕捉创意的方式。

当你完成当前的工作后，你可以把你的创意盒里的内容从头到尾浏览一遍，然后决定这里面众多创意中哪一个即将可以被转化为令人兴奋的现实。

法则

63

创建一张积分卡

> **朝着一个奖励一步一步地努力工作，**
> **有助于保持你的积极性**

是的，从理论上来讲，工作本身就是它的回报。但是我们都有过这样一种相同的感受，就是在做到一半的时候，工作已经变得非常艰难，对此我们感到十分乏味，认为自己在做无用的事情，因为事情并没有按照我们所期望的轨迹运行，并且距到达终点线还有很长一段的路程。

一个能使你自己保持积极性的普遍建议就是：每当你在前进的道路上达到一个目标时，你就奖励自己一下。但是这里有一个弊端，那就是对于小的步骤，奖励往往是如此的少，以至于我们不愿费心去做；而对于大的步骤，奖励又是如此的遥远，以至于我们没有足够的动力去做。

解决这个问题的一个办法就是借鉴咖啡店和饭店通常使用的理念：积分卡。这是一种小小的卡片，你每次买东西的时候带着它就可以在上面盖一个章或者打一次孔。比如说当你购满十杯咖啡的时候，你可以免费再得到一杯。

你可以用一张索引卡甚至是名片的背面来作为你自己的积分卡。在卡片的顶端写上你想要达到的目标。打个比方，如果你正在努力写一本书，也许你写的目标就是完成第一章。或者如果你正在试着使自己变得井井有条，也许应该写上把已经堆积起来的文件归档。

在卡片的底部写上你将要给自己的奖励。也许会是去电影院或者出去吃顿大餐，也许会是买一本书。

决定好你要分多少步来完成你的任务。理论上来讲它应该在 6 步到 10 步之间。如果少于 6 步或者超过 10 步，那么你就应该调整这个任务的范围。

每天当你朝着目标完成一小步的时候，就划掉其中的一个标记。等你把所有的标记都划完以后，你就可以得到相应的奖励。

顺便说一句，这也是一种很好的、可以用在孩子们身上的方法：每当他们干了 10 次家务活，或者是在学校测验中获得了好分数，或者是他们按时完成了某些任务，都可以得到一次小奖励。

使用这种卡片可以让你自己对实现你有创意的目标保持"忠诚"——这样甚至好过一大杯免费的卡布奇诺！

法则

64

给产品一种特性

无论你创造了什么产品，它都会具有一种特性
——确保那就是你想要的

你的品牌就是当人们想到你的产品或者服务时对它们的印象。每个牌子都有它的特性。例如：

苹果＝酷＋性感

乐购＝货真价实

哈罗兹＝高档货

当你设计你的产品的时候你就要考虑它的特性。这种特性应该是它内在的一部分，而不是销售者和广告商后来附加上的东西，不论它是否真的合适。

当美国公司"戴夫的美食"生产一系列辣酱的时候，它们决定走向一个极端。它们调制了有史以来最辣的辣椒酱出售并且称它为"戴夫的疯狂酱料"。它们的格言变成了"送给疯狂世界的小吃"。

拥有个性特点的另一个极端就是英国的"清纯饮料"公司，这是一家生产冰沙和果汁的公司。它致力于呈现出一种——好、单纯——的特征。

各种各样的因素都掺杂在一个产品的特性里——颜色、形状、大小、缓解的功能、其他各种功能以及它发出的声音等，这些特性都提醒人们这个产品是多么的粗糙或者多么的光滑，有多轻多重等等。

对于一种服务项目来说，这些因素包括它看起来多么简单易懂，它可以处理你的哪部分问题，什么能使你联想到它，它与你喜欢使用的其他服务有多么紧密的联系（或者是负相关性）以及它被实施的环境等等。比如说，牙医候诊室里的气氛就会严重影响我们的感官。

当你从最初的构想中研发出你的产品或服务的时候，请考虑以下这些问题：

◎ 如果这是一个人，那么你会用一个什么样的形容词来描述他？

◎ 这个特性是你想要让他拥有的吗？如果不是，你会怎样选择？

给产品一种特性

◎ 你需要做些什么来使他拥有更多适合他的特性？这里面包含了基本设计、包装，或者两者都有。

当你已经有了一个模板或者样品之后，那么去问接触了你的产品或服务的每一个人第一个问题。

他们所看到的特性是相同的吗？如果不是，是什么给了他们一个不同的印象？

一个有着突出个性的人通常是很受欢迎的。要不停地做出调整直到你的产品或者服务拥有了你所期望的、合理的特性，并且这种特性也很有希望使该产品或服务在市场中大受欢迎。

65

使产品简单化

将注意力集中在你所创造的产品的核心功能上

你越深入到创造产品的进程中，你就越容易突然改变原来的思路。其中最具吸引力的一个问题就是持续不断地增添产品的新功能和新附件。

这就是我所说的"是不是很酷？"的陷阱。你正在创造某种东西，突然间你有了一个可以填进一种新元素的创意。你可能会对自己说"这难道不是很酷吗，如果这也能……"，并且添加了一些其他的东西。这种事情多发生在软件制作中，并且这种"特性膨胀"的结果是削弱了产品的关键性功能，而这种关键性功能才是大部分使用者所关心的。

有时候添加一些元素的诱惑力就是要试图吸引更广范围内的潜在顾客群体。例如，也许你开始时生产一个产品的目的是使老师们的生活过得更加舒适。这会给你一个巨大的潜在的目标市场。但是接下来你突然有了一个创意，就是怎样去增添另一种元素使它同样对护士们也会有帮助。

很棒的主意，不是吗？

错了！

有一句古老的谚语说，如果你试图去取悦每一个人，那么你最终会使每个人都不满意。你的产品或服务的使用范围越分散，它们就越不能强烈地吸引住你的原始目标人群。当然，这并不是说你最终不能生产出一种专门针对护士们使用的产品，但是眼下你最明智的选择就是集中注意力关注于你的原始意图。

下面的这三个问题可以帮助你坚持到底：

◎ 我的产品的主要客户是谁？

◎ 他们从产品中可以得到的最主要的一个好处是什么？

◎ 在给了他们那个主要的好处之后，这个产品还需要什么特性？

我之所以强调那个最主要的好处是因为"效益膨胀"是另外一

175

个陷阱。作为消费者，我们总是怀疑那些给出太多承诺的产品。找出你的潜在客户的一个最大的疑问，并且让他们知道你的产品或者服务能够解决它。

你对你的领域知道得越多并且越深入到你的产品中，你就越容易把事情搞得比它原本需要的复杂。把下面的话写在一张便利贴上，然后把它放在你每天都可以看到的地方：

简单化

66

预备，开火，击中目标！

如果你只是一味地等待时机成熟，你就永远都不会进步

在我举办研讨班和培训过程中，我曾遇到过许多心怀理想但却从不付诸行动的人。每当我问及原因，他们的答案往往都是同一种论调——"因为时机不成熟"。

时机不成熟在他们口中有很多种，有的人是没有时间去做他所需要的调查研究；有的人是没有充裕的资金；有的人是没有充裕的时间；有的人是因为现时的经济状况差强人意，等等，等等。

其实这些都不是原因，而是借口。

需要承认，想要做出些能够改变世界的事情，即使只是以一种微不足道的方式，都是很困难的。不过找借口却轻松许多。这就是为什么人们往往倾向于后者而不是前者。是时候该转变这种思维了。

"预备，开火，击中目标！"这句话告诉我们，我们很少会获得我们需要的所有信息或者所有条件都处于一个理想的境界，但假如我们能够勇于向前探索和尝试，真实的世界便会给我们回报。一旦我们脱离了既定目标，我们就要做出调整，继续尝试。在这一点上，最著名的例子莫过于托马斯·爱迪生了，他经过一次次失败，终于找到那种适合做灯丝的材料。实际上这种过程是每一件事情走向成功都必须经历的。

我认识一个典型需要这种理念的人，她想要撰写一部历史小说。多年以来每当我遇见她并问及文章进展如何时，她总是告诉我"我还在准备"。她理所应当地认为在写下每一个字之前，她应该成为那个时期的专家。与之相反的是一位撰写金融方面小说的作家。他告诉我他的研究方式，"当我碰到不懂的问题时才会停下，查阅后继续写作"。同时有一位专家帮助他校正草稿以保证内容准确无误。

这位作家已经写了十几本小说，而另一位一本都没完成。但是基于她所做的大量的研究，有生之年她可能成为一位历史方面的专家。

预备，开火，击中目标！

如果你没有朝着你的目标前进，那么扪心自问以下问题：

◎ 为了仅仅前进一小步你都需要什么？

◎ 你如何才能简单迅速地获取它们？

◎ 如果不能立即获取他们，目标中的哪些部分可以立即着手？

◎ 如果都行不通，仅仅是不顾一切向前，然后回过头来修补漏洞又会如何？

没错，时机可能不够理想，你可能不得不跌跌撞撞地前行，但最终一定会找到正确的方向前进。

法则

67

寻找特色

在一个平淡无奇的世界里，特色就显得尤为突出

有多少产品或者服务会让你有足够的兴趣，把它们讲给你的朋友们听呢？这被称为"口碑行销"，并且它是最廉价、最有效的销售方式。如果你在你的产品中寻找特色，那么你就会发现口碑行销的关键之处。

让我们看看现实吧，大部分产品和服务都有效果，但是它们都很乏味。我在乐购或者桑斯博里超市购物，我在赖曼购买办公用品，我在尼路咖啡店喝咖啡，但是我几乎从来不跟我的朋友们提起它们。为什么？因为这些店的任何一个都没有什么不同寻常的特色。实际上，我正面临着一个艰难的选择，那就是在写这本书时找出任何一次特别的购物经历。但是让我们一起来看一下一些其他领域里的特色吧：

一种来自"戴夫的美食"公司里的，被叫做"幸运的坚果"的产品——每隔十个坚果就有一个是超级热的。他们已经把俄罗斯轮盘的玩法引到了小吃中。

拉斯维加斯赌场的女招待们会在你玩老虎机的时候递给你免费的饮料。是的，我知道——她们的目的只是让你一直待在那里，不停地输下去。并且当你给了她们小费时，你就相当于已经付过了饮料的钱——但是，看起来你仍然像是得到了免费的东西。

维珍航空公司的女按摩师们在你飞过海洋上空的时候会给你按摩疲惫的肩膀，让你享受一次愉快的旅行。不幸的是只有头等舱才能享受到这种待遇（我是通过飞行里程积分的方法得到的，并且现在我一直不能适应经济舱旅行）。

在健身房里，私人教练会在你过生日的时候送给你一次免费的课程。

这些吸引人的特色和额外好处的独特性就在于它们是人们没有预料到的。明显地，能够预料到的就是标准，也是我们一般不会去谈论的东西。不同寻常的一个惊喜，就是人们会记住的、独特的个性。

再举一个以前在我主持的研讨会上举过的例子。在一天下午的某个时刻，我拿出了一些密封好的信封，然后告诉人们等每人手中都有一个的时候再打开它们。接下来我让他们一起打开并且去闻他们拿出来的东西。信封里面装的是什么呢？是薄荷茶包。薄荷的味道可以消除你的疲劳，当午饭后人们有点昏昏欲睡的时候它是一种不错的选择。

这就是一个关键点：一种特色必须有意义，而不仅仅是为了显得与众不同的愚蠢的表现。看到 30 或 40 个人全部都在闻茶包通常会使每个人发笑，这同样也可以帮助活跃气氛。它虽然是一件很小的事情，但是多年以后人们仍会轻笑着提起它。

当你检查生产过程的时候，不定期地考虑一下你可以做出什么有特色的东西，并且可以增加产品或服务的价值。当你把你想要的产品的特色和个性联结起来的时候，你已经完成了一个必胜的组合。

网站奖励

登录 www.jurgenwolff.com 网站，点击"Creativity Now！"按键。奖励 16 是介绍一些颇有特色的事物。

68

准备一个后备计划

童子军们的想法是正确的：
只有有准备的人才会有所收获

有些人认为你应该表现得好像失败是不可能的一样。虽然这种战斗精神是值得赞扬的，但是我宁愿选择少一些振奋人心，但是更有可能成功的格言："表现出你好像是不可能失败的那样，但是准备一个后备计划来以防万一。"

在实践中，这就意味着要识别产品的每一个关键组成部分，并且为了防止事情没有按照计划进行，你至少要有一个你可以实施的粗略的后备计划。

我有一个在洛杉矶做公共关系顾问的英国朋友在几年前意识到了这一点，那个时候，为了欢迎安德鲁王子到访那个城市，她要组织一场"酷似安德鲁王子"的比赛。这场比赛是由一家旅行社赞助的，而且有两家地方电视台都说他们会派摄制组来报导这场比赛。在比赛的前一天，我问我的朋友有多少人已经签约要参加这场比赛。她说："噢，我还没有要求签约，我以为他们到时候一定都会出席。"我提出了一个问题，就是如果参赛者最终都没有出现的话她和她的客户该有多尴尬。我们迅速想出了一个后备计划——如果需要的话，她的会计师，她的侄子，我的一个朋友和我将会参加这场比赛。

在比赛那天，只有两个合法的参赛者，并且其中一个还是碰巧路过的、上了年纪的、无家可归的人。最后的奖励给了另外一个参赛者，他至少大概还有合适的年龄和体重，并且这个比赛的报道主要是针对这样一个事实：大部分的参赛者看起来都绝不像安德鲁王子。但是这个报道确实提到了赞助商的旅行社，所以这个任务也算完成了。

策划一个后备计划战略要遵循以下四步：

1. 列举出你或者别人在创造产品时需要做的关键步骤。这需要更新得相当频繁。

2. 对于每一个关键步骤，大概记一下如果有需要谁可以提供帮助，以及如果必要的话，你该怎样调整你的计划。

3. 对于每个不得不需要其他人去完成的步骤，写下一个在紧急情况下可以被唤来提供支援的人或者企业。例如，我手头上就保存着一些印刷所的地址以防我常用的供应商被一些大的生意缠得分不开身。

4. 如果你很依赖一个重要的设备，那么确保当它出问题的时候，你可以找到修理的人或者一些可更换它的地方。我严重依赖于我的电脑，所以我手边保存着一些店的信息，当我的计算机需要修理的时候，我可以去这些店租用一个临时替代品。

如果运气好的话，你的首要计划大部分时候都可以实施得很顺利，但是准备一个后备计划意味着不但可以避免紧急情况所带来的不便，而且也可以使你在夜里睡得更安稳。

法则

69

做一份"不要做的事情"清单

做一份"不要做的事情"清单

> **如果你正在做的事情没有推你前行，
> 那么它就会阻碍你的脚步**

每个人都对"要做的事情"的清单很熟悉。有时候做一份"不要做的事情"的清单同样重要，因为这些事情会阻碍你的脚步，或者妨碍你投入足够的时间使你的计划变成现实。

这里有一些建议来帮助你开始：

◎ 在工作时间里，不要看电视，"哪怕只是一小会儿"。

◎ 不要想着 J. K. 罗琳或者其他巨星在你的领域会赚多少钱，或许他们还没有你做得好。

◎ 不要反复阅读你的拒绝信。

◎ 不要去想在你的领域里，有多少人在还没有达到你现在的年龄的时候就已经是成功人士了。

◎ 在工作时间里，不要为了"寻找灵感"而去读你最喜欢的报纸或杂志。

◎ 不要"因为这会使我更容易找到东西"而把你的书按照字母的顺序排列。

◎ 不要因为它比致力于你的工作要更容易而开始刮掉你身体任何一个部分的毛发。

◎ 不要以为会有侥幸，为了"可能其中的一个会是真实的"的想法而回复以下任何一件事情："你已经中了彩票"或者"一个尼日利亚的银行家将会转账给你一百万英镑，这些钱本来属于一个死于空难又没有还健在亲戚的人"。

毫无疑问，你也有一些你自己的替换清单。把这份清单写下来然后贴在你可以看见的地方。令人分心的东西的困扰就是它们悄悄接近你并且吸引住你，然后仅仅过了几个小时后，当你从走神的状态中摆脱出来，就会意识到你已经浪费掉了大半天的时间。通过使它们变得具体可见，它们就会更容易被克服了。

70

拥抱迟延

法则 **70**
拥抱迟延

与迟延合作而不是对抗它，能够帮助你把事情做完

平常我们对于迟延的反应都是当头迎击，试着用全部的意志力来做我们抵制的事。你也许曾注意到，这很少起作用，或者很少长期起作用。与其说迟延是第一次出现，不如说它是一种常见的现象。这儿有一些非常值得你考虑的观点和行动，告诉你可以利用迟延的力量。

1. 如果你的迟延没有产生任何负面结果，那么在你开始接触任务时，你的预估工作做得很好，即使你本应该可以开始得更早一些。你就是那些在压力下能把工作做到最好的极少数人中的一个。

行动准则：下定决心看一看你在做一个项目时，迟延的习惯是否会有负面的结果。如果没有，就不用担心了。

2. 如果你知道要是你开始得更早一些，你就应该可以做得更好，那么就试着探究一下任务，每次做任务时就多做一点儿。对于一些人而言，迟延就是不想完成任务，所以你可以将任务拖到最后一分钟。但是当你到了最后关头时，你会发现你已经做了大部分的工作。

行动准则：把时间分成小块来做项目（关于这一点，我们将会在"模块与微型模块"一篇中谈到更多）。

3. 如果你喜欢拖延所带来的刺激感觉的话，寻找另一种可以获得忙乱的方式。

行动准则：玩"待办事项列表轮盘赌"的游戏。在不同的索引卡片上写下今天你想要完成的任务。把这些卡片翻过来弄乱，从中任选一个，然后翻过来看看，就完成这个任务。选择的机会也许会使你肾上腺素上升，催促你渴望完成任务。

4. 奖励主意：这里有一个迟延前的小建议。你的潜意识形态可能在关注一件事情，同时你的意识形态可能在关注其他的事情。创造力专家们确认这种萌芽和潜伏期状态是非常重要的，但是你必须先播种才会有收获。如果你自己意识到要得到的是什么，然后把它放到一边，你的潜意识思想就会一直关注一些事情。

行动准则：给你的大脑提供一些关于你下一个项目或是下一个任务的相关信息。当你开始做这个项目或任务时，你就会发现你已经提前做了。

关键是一定不要把迟延看作是一件可以选择的事情："我根据其他人完美合理的计划表就可以把事情做得完美"，或者"我延迟了"。把它看作是一个过程，可以根据你自己的个性和表现成功地做出最好的结果。

网站奖励

登录 www. jurgenwolff. com 网站，点击"Creativity Now！"按键，奖励 17 是一个关于克服迟延的八部分迷你课程的链接。

71

成为员工

在你的头脑里，有一个工作努力的员工随时准备要被雇用

　　如果你有足够幸运雇用到了一名开发人员、一个工程部门、一些计算机程序员、市场和销售人员、公共关系咨询专家、会计师和其他能够实现你想法的人员，那么恭喜你了，你可以提前跳入下一个项目。然而，对于我们大多数人来说，没有或者至少没有足够的雇员来实现我们所描述的全部职能。

　　这就是为什么你必须成为一名员工的原因。换句话说，你必须能够根据需求，随意转换你的观点和视角，在你建立一个项目时你必须从所有的优势位置来考虑它。即使你不是一个专家，当你在做项目时，你也很可能对每一项职能都有充分的理解，可以给你自己带来有价值的投入。

　　我们的目标是如何避免失败发生。例如，一件既漂亮又有优良功能的产品，它的价格在市场上和同类产品相比非常有竞争力，但却不能被生产出来。你也许认为没有人会犯这样的错误，但是曾经有一对竞争者在"龙穴"这个系列电视节目上销售很了不起的民族食品，直到该节目指出他们销售产品的价格比其成本价还低时，他们才觉悟。

　　如果你想象中的员工成员被给予机会，在项目的主要阶段投入精力，你就会在项目进行的过程中不断预估问题，并且经常改进。

　　这是你需要考虑的核心视角：

　　◎ **工程师视角**：该产品或服务能够颇有成效地、高效率地展示预期功能吗？

　　◎ **设计师视角**：该产品或服务的形式或格式能支持该产品的功能，创造一个美的、令人愉悦的感受吗？

　　◎ **市场人员视角**：该产品或服务拥有吸引力的个性，能够创造出一个强大的品牌吗？

◎ **销售人员视角**：该产品或服务具有独特的销售计划吗（可以使它有别于其他竞争对象的事物）？与同类产品或服务相比，它具有竞争优势吗？

◎ **会计师视角**：该产品能够以合理的价格生产出来吗？有充分的资金投入整个产品的研发和销售吗？

开始时你没必要找出所有问题的答案。每次革新都会遇到一个或多个和这些因素相关的障碍，有时候你必须稳步前进，并且相信你自己能够在最后期限内找到解决方法。然而，你越早提醒你自己可能出现的问题，你就越可能找到解决办法。这是一个召集你所有员工开例会的很好的原因——即使他们都坐在你的椅子上。

72

模块和微型模块

> **当你发现你自己在回避任务时，把任务分解成模块的形式，这样就会帮助你克服对它的抗拒心理**

你可能在前文已经遇到过"模块"式的任务策略，就是把任务分解成更小的部分来克服你对做任务的抵制心理。当然，当你转换任务时，一些令人畏惧的事情，就像是"写书"，会变得更加容易，例如，你可以写成"大纲：第一章里要有一个脑图"和"写出第一章的前三页"这样。但是对某些人来说，这样还是远远不够。对于这些人，我推荐使用被我称作是"微型模块"的模式。这意味着要把模块分解到更多、更小，甚至小到它们看起来很可笑的程度。

例如，你要转换一个天天开发票的任务。（这很诡异，不知道为什么我们那么多人，包括我，会抵制开发票，因为开发票意味着我们得到了钱。）给一些人开发票并不是一项重大的任务，但是如果你拖延了好几天的话，"微型模块"模式就可以成为候选方案。以下就是如何分解的方案：

◎ **第一天**：记录下你要邮寄发票人的姓名和地址。

◎ **第二天**：在同一张纸上，写下你提供的服务或者产品的描述以及你要开的发票的数量。

◎ **第三天**：填写发票。

◎ **第四天**：把发票打印出来。

◎ **第五天**：把发票邮寄出去。

如果这看起来有点可笑，这就是目的。在大多数例子中，一旦你做完第一模块或者确切地做完了前两个模块，你会觉得将任务推迟到另一天很愚蠢，所以你就会完成这项任务。但是由于你心里知道自己不必一定得"这样做"，你确实可以每天花费一到两分钟完成一个模块，这样就可以赶走抵制心理。

当任何一个你必须完成的任务清单上的任务时间超过 3 天时，就可以尝试把它们分解成模块的方法。如果还没有达到预期的效果，就使用把它们分解成微型模块的方法。

73

运用"时间段"

专注你的活动 45 分钟会增加你的效率

效率最大的敌人就是注意力分散。在这一章的另一个篇文章中，我曾经提到了 MADs（大规模行动日），从某种程度上说，就是一种获得项目原动力的极端方法。采取这种大规模行动日的方法并不总是很实用，所以现在我给你提供一种迷你版的方法，就是"时间段"。

"时间段"是一段 45 分钟的时间，在这段时间里你要把你全部的注意力集中在一项任务上。具体步骤如下：

1. 在一张纸的上方明确地写下你在这 45 分钟内打算完成的事情。

2. 确保你的手头上有必需的材料，在这 45 分钟的时间段开始时，你就不用停下来找文件、订书器或者笔。

3. 确保你在这 45 分钟内不被打扰。这就意味着关掉电话应答机，不查收电子邮件，不接待来访者。在一些情况下，这也许意味着你要为了这 45 分钟到别处去——另一间办公室、一家咖啡厅或者是附近的图书馆。

4. 用定时器或者手表定时 45 分钟。

5. 专心致志地工作，除了手头上的任务外，避免任何其他的诱惑。

6. 当时间到了时，如果你再做 5 分钟还是不能完成你所安排的计划的话，停下来休息 5 分钟。走一走或者做点简单的运动，喝点水。

7. 如果你工作需要，就花 10 分钟的时间查看短信或者紧急电子邮件。

8. 重复这个过程。逐渐你会更擅长判断你在 45 分钟内可以完成多少工作，并且可以消除任何障碍或干扰的潜入。

如果你在一天 8 个小时的工作时间中使用 4 个这样的"时间段"，你将会发现你的效率不只是双倍提高。

74

运用爱因斯坦水平

> ## 克服障碍的一种方法是改变你所认为的问题处于的水平

阿尔伯特·爱因斯坦说过你不能在问题产生的水平上解决它。假设他是对的，因为他比你我都聪明，那么让我们好好看看这个问题吧，我们该怎样改变问题的水平以至于我们可以解决它呢？

下面是我自己对这个过程的解释说明，不是爱因斯坦的（据我所知他也从来没对这个过程进行详细的阐述）。我从我发现有问题的基本任务开始讲述。假设我现在开了一个新的培训班，但是不能找到足够多的人注册。

首先我们要把这个项目减少到只剩下我们经常遵循的基本步骤：

1. 宣传培训班。
2. 付费用户注册。
3. 开始培训班。
4. 从培训班中赚钱。

如果我们试着在同一水平上解决问题，我们只是尝试把其中的一个或多个问题做得稍微好一点。这就意味着花钱做广告或者发出更多的新闻稿件，也许是降低价格或者通过延长培训班或分发更多的支持材料来增加一些附加值。在每种情况下，我们都争取逐步改善提高。

如果我们遵循爱因斯坦的建议，我们将会提升一个级别。现在我们将要寻找一个新的方法来达成结果，而不是完善当前达成结果的方法。

在我们的例子中，最终结果是从培训班中获利。不经历前三个步骤，我们还能做什么呢？我所想到的办法包括：

◎ 从一个公司那里得到赞助。这样我只需要说服一个人（合作商）出资而不是50人左右参加我的培训班。

◎ 不要现场做。可以在视频上做，并且销售DVDs。

◎ 免费做培训，因而可以吸引足够多的人，这样就会使我的书、

CD、DVD 的隐形销售量大大增加，产生收入。

我们可以建立其他水平的级别，这样针对这个方案我们就可以想出更多可以替代结果本身的方案。在这种情况下，我也许会怀疑开办培训班是否是一个赚钱的方法。

上升三个级别甚至会变得更有哲学性，并且令人怀疑结果所呈现出来的价值是否很有效用。这种情况也意味着是在检查我是否正试图做正确的事情来赚钱。这种级别会令我们非常接近禅式思想了。

大多数情况下，仅仅上升一个级别就是最具效率的实际水平。总结一下，以下就是实施过程：

1. 尽可能最基本地描述你要尝试完成的事情。

2. 仔细思考，想出达成结果的方法，而不是试图改进达到想要结果的措施。

3. 试验一下或者至少估计一下，这些新的解决方法是否比你以前做的更有成效，继续尝试并且贯彻实施它们。

如果"爱因斯坦"足够好的话，尝试一下……

75

知道该何时放弃

有时继续前行的最好方式就是放弃

你听说过"轻易放弃的人从未成功过，成功的人永不放弃"这句话吗？这是错的。

当然我并不主张在第一次跨栏时就放弃（甚至第二次、第三次或第四次时），但是有时候我们就是错的。当错误变得很明显的时候，继续就是愚蠢。进一步说，它会阻止你抓住一个更好的取得成功的机会。

我曾经遇到过这样一个例子：在我的一次写作课上，一个对电视剧有点想法的人给我看了一封 20 多年前的退稿信。他的期望就是在我的课上能够学到如何推销这个方案，因为他确信这个方案很好。

你知道吗？它的确很好。

我不知道为什么没有人想买它，但是很清楚的是的确没有人想买它。不是尝试想出一些新的方案并且出售它们，这个人一直坚信放弃这个方案会使他成为一个畏惧困难的人。我有种感觉——他仍会在哪儿纠结那个方案，仍会失败。

正如你所知，大部分非常成功的企业家们在找出发家致富的项目之前都会经历好几次的失败。那就意味着他们放弃了好几个公司，舔舐他们的伤口，从经历中学到他们能做什么，并继续前进。

核心概念是这样的：你有时不得不放弃一个特别的计划，但不是在创造新产品或新服务的过程中放弃。有时候想法超前，有时候想法滞后，有时候成本太高，有时候不能获得你需要的支持，有时候只是运气太差。有时候我们敢说，这个想法令人失望。

如果你除了被拒绝外什么都没得到，你可以尝试以下四个步骤：

1. 听取意见反馈。它给你带来一些怎样提高和改进你提供的事物的方案了吗？如果有，就这样做。

2. 把计划搁置一段时间，至少一个月，最好是 90 天。然后再重新用新的眼光看待这个计划。当你这样做的时候，它的瑕疵和缺陷会更明显，你就可以找到它们。

3. 返回到本书的第二部分，"实践篇"里，运用一些这章中所提供的方法，仔细想出一个不同的计划方案。你产生的新主意是什么？它们足够充分地改变了这个计划，可以重新设计授权吗？

4. 如果这些方法全都失败了，考虑一下至少在目前放弃这个计划。也许做别的计划会给你带来新的洞察力，使你能最终重新返回到这个计划上并且使之完成得更好。

或者是时候宣布这个计划破产死亡并且埋葬它了。有时候就会这样。这并不是世界的末日，只是计划的终止。不要让它毁掉了你的自信。从经历中学到你能干什么并且开始下一个计划。如果你需要一些灵感来提高情绪，继续阅读本书的下一部分。你会发现 25 个学习案例，研究它们的人们都会找到一种方式，使他们的创造力得到回报。如果他们可以，你也可以。

第 4 部分

改　造　篇

当你尝试把伟大的梦想变成完美的产品或者优质的服务时，你可能会感觉自己很孤独。但是，确实每天都有人在做跟你相同的事情，你可以从他们的经验中获益。

在这一部分中，你会读到 25 个人或者公司的事例，他们成功地实现了自己的创造梦想。在每个事例中，你会发现创造原则和他们使用的方法。正如你受到的鼓舞一样，你也可以借鉴他们的方案来成功实现你的梦想。

我很愿意在本书的未来版本中记录下你创造力成功的事例。继续阅读，从这些经验中获益，把它们付诸行动。

你的未来在等待着你……

76

他们成为成功的作家

努力地工作和聪明地工作一样重要

《亚特兰大宪法报》曾经采访了商业作家和《自由撰稿人》一书的作者——彼得·鲍尔曼。他有一句话揭示成功的关键因素，真的使我很震撼。

"1994 年 1 月份，在拨打了 1 000 多个寻找商业写作工作的电话后，我开始了我的写作生涯……到 5 月份，我还清了所有的债务。"

这就像用橡胶铺路一样：行动起来最重要！

◎ 1 000 个电话

◎ 100 封疑问信

◎ 50 个会议

还有一大堆的手稿、电影剧本、文章或其他的计划方案，从中你可以学会你能在售卖之前做些什么。

不要忘记未雨绸缪。一个更成功的故事是关于史蒂芬·J. 坎内尔的，他是一名作家兼制片人，以《洛克福德档案》、《天龙特攻队》、《神探亨特》、《龙虎少年队》以及更多影片而闻名于世。他的公司是好莱坞最成功的电视制作公司。

在《剧本》杂志的一次采访中，他揭露了他早年为电视剧做宣传的成功秘密：

"我会花费 9 天的时间来准备一个 45 分钟的会议……你不得不超额工作。这就是一个几乎没人愿意做的秘密。少数人愿意做，但是大多数人不愿意做。大多数人在环顾四周看看需要投入多少努力才合适。但是我愿意这样做……（这就是）为什么我能够到达我想要到的地方。"

我曾有幸两次采访坎内尔，他总是不吝啬他的时间和建议。自从卖掉了他的电视制作公司后，他又开拓了另一个成功的事业，成为一名小说家——我确定他仍然会超额工作，取得成功。

我们这些有创造力的人会对灵感十分兴奋，这两个例子提醒我们汗水同样重要。

77

他们发现怪癖有用

一个新方案会使老办法再一次焕发青春

早些时候我曾写过"怪癖"是如何在你的计划方案中成为成功的关键因素。有一个生意充分理解了这一点，实际上，一个出版商曾经推出了一系列叫做"怪癖"的书刊。他们专注于那些被他们称为"不切实际的参照和不虔诚的非小说书籍"。

一个伟大的例子是《宝贝指南》。《宝贝指南》一书里都是可以实际运用的建议，但其写作风格就好像一个小婴儿是个录像机或摄像机，完全使用技术插图。

听起来有点怪异吗？猜猜这本书的销量是多少？350 000 多本。这本养育子女的书的销售地之一就是泰特现代美术馆。

这里有"怪癖"书刊的主管大卫·伯根尼希特在《如何做》杂志上与大家分享的一个观点："我们意识到我们不仅仅是和图书出版商们竞争，而且我们也在与电子游戏、互联网、DVD、iPods 和手机等竞争，所以我们的书籍必须和这些事物一样令人感到兴奋刺激。"

即使你的创造力计划方案和书籍没有任何关系，到"怪癖"书刊的网站 www. irreference. com 上去看一看吧。那上面介绍了大量的关于如何去做、如何测试以及如何链接他们的包装网站的知识，我想你会发现上面到处都是有灵感的、离奇的想法。

78

她让陌生人给她钱

向别人求助，尤其是当你找对了人，会很有效果

独立电影制片人塞尔玛· 特姆森需要 600 000 美元来制作她的特色电影《奥黛丽》，这是对她所制作过的短片电影的扩展。挑战就是：去哪儿筹集资金。

因为这部电影是关于女性赋权的，她决定接近每一个她能找到的著名女作家。她进入一家名为"边界"的书店做调查，最后她写信给了 200 名和这部短片电影相关的女作家们。

将近 3/4 的女作家回信了，一些女作家寄送来支票，也寄来对其他人的建议和可以接洽的相关组织机构。

这次努力为她赢得了一半多的预算，她得以继续制作这部电影。

这是一个方法，你是否可以用来作为典范，去为你的艺术道路或者商业计划筹集资金呢？关键的因素是她的电影有一个非常独特的主题（女性强迫症——用非常幽默的手法来处理女性对她们身材、食物以及会受到怎样的伤害的映像）。

你的方案是不是也有一个可能吸引众人的主题呢？在这些人中，谁可能会支持这个主题呢，不仅是物质上的支持，而且包括愿意口口相传它呢？你又能怎样联系到他们呢？

许多人觉得给陌生人写信会令人困窘或者尴尬。而塞尔玛· 特姆森却不觉得如此，她用 300 000 美元证明了这一点。

79

她的礼物使她变得富有

如果你能创造出一些自己喜欢的东西，别人也会喜欢

2000 年，贾奇·劳森，一位住在鲁戈塞尔村庄的英国艺术家，创造了一种卡通圣诞贺卡，上面画着她的狗——车德利，她的猫以及她 15 世纪的小屋。她把贺卡发给了几个朋友，然后离开去度过了三个礼拜的假期。

当她回来的时候，她发现邮箱里有 1 600 多封邮件。她的朋友把贺卡发送给了其他的人，而他们又发给了其他的人……她的邮箱地址写在上面，现在所有的这些人都想知道她是不是还有其他贺卡。

她决定把它变成一桩生意，给各种场合提供卡通贺卡。目前，她已经拥有 126 种设计，你每年只要交付 6.25 英镑的会员费，就可以随意使用任何一种。（她的网址是 www.jacquielawson.com）

劳森拥有 25 万多个用户，你算出来了吗？那将是一年 150 多万英镑的收入！尽管在她网址上写着诸如"还有巨大的服务器费用"此类的话，事实上，她现在只有一个侄子、一个侄女和一个邻居为她工作，她得到的是一笔巨大的利润。

对我来说，这个故事最精彩的部分是：她因为喜欢做才开始做的。当你的创造本能源自于内心欲望，想创造一些东西来给其他人带来快乐时，你在商业上成功的机会就会同样提升。

80

真正的专家引导他们走向成功

使用你东西的人是最值得你聆听的对象

克里斯·米勒是"地球产品"公司的创始人兼创意总监。那是一家经营运动服和相关配饰的非常成功的公司。他以前是一名专业的滑板运动员，因而他能够直接接触到市场需求。但是，他说他最大的商业秘密就在于他也相信，当前的职业运动选手们会在产品设计和产品推销方面给他的品牌带来信息输入。

这听起来不像是一个如此具有突破性的观点——毕竟，几乎每一个与运动有关的生意都由一些高收益的运动员做代言人。但是米勒说他的公司没有找代言人，只是得到了他们的支持，得到了特定的反馈信息和改进产品的想法。此外，他们不仅咨询职业运动员，还咨询一些在整个市场很有影响力的区域顶尖运动员和地方运动员。

为什么没有几个公司会真正地注意这类反馈信息呢？可能是由于当这类反馈信息进来时，他们的产品已经深入到了研发阶段，做出改变需要昂贵的费用。

你可以通过在产品研发的各个阶段咨询你的潜在顾客或客户群体，来避免自己落入那样的陷阱之中。你可以通过做社会调查、问卷、讨论组以及网上论坛等方式来获取信息。那就是成功与失败之间的区别。

81

他吸引了他们的注意力——得到了生意

某方面突出会让你为人瞩目

广告界大师多尼·德在他的 CNBC 博客中谈论了他是如何得到第一份大广告工作的。潜在的客户是一个汽车销售行业的领头羊——一个名叫 Tri-State Pontiac 的公司。德和他的团队在那个领域和商业广告行业都没有经验，因此在某些方面突出是必要的。

他们仔细想出了一个"已经使用过的汽车零件"的创意。在一天 12 个小时的时间里，每隔半小时就给顾客递送一款不同的汽车零件。并且每一个零件上都有一个相关的标签或者字条。例如，一个车前灯上写着"我们会给你明亮的视野"，挡泥板上写着"我们会保护你的后端"。

想法古怪？是的！冒险？当然！德承认说："我们的想法可能会事与愿违，可能会使顾客不安。但幸运的是，顾客认为这是聪明的做法。"

他们得到了这份工作，而且德也开始了他辉煌的广告生涯。

如果你也想做一些突出的事情，那你就需要冒失败的风险。但是如果你不想引人注目，那你实际上在做的事情就保证了这一点。

法则

82

口口相传使它从免费到出名

免费提供你的产品，能够给你带来名望和财富

　　西蒙·多菲尔德并没有打算成为一个网络名人，一切都只是顺其自然。他根据他的猫，也许更适合叫它"西蒙的猫"，创作了一些简单的、有趣的黑白动画片。他把它们上传到了 YouTube 网上，很快就火了起来，获取了 2 千多万的点击率。这些动画片获得了包括"英国最佳动画片"和"YouTube 最成功影片奖"在内的许多奖项。

　　现在凯尔格特出版社已经成功拍到多菲尔德的两本插图书的世界范围版权，同时他们也在讨论拍摄一些电影、电视，或充分利用"西蒙的猫"这个品牌建立销售公司。

　　能够最终获取巨大利润，并得到特许经营的关键在于：首先要拥有具有广泛吸引力的产品（由于没有旁白，因此那些卡通图画就能在全世界范围内得到人们的赞赏）；其次要向人们免费提供，这样他们的朋友也会了解到该产品。

　　放弃一些东西能够打入到原有产品的销售市场。但是，通过互联网，你能够找到一种更为便捷的方法来创造条件，建立自己的品牌，从而获取更大利润。

© 张智波 2011

法则

83

位置的改变能给餐厅带来更大利润

有时候改变你产品销售的位置就会改变一切

你认为在 130 英尺的高空举行宴会怎么样呢？不，不是在一架低飞的飞机上举行宴会，而是人们围聚在一个被巨型起重机吊起的桌子周围聚餐。听起来很奇怪，但这却是一个成功的，被称做"空中宴会"生意的创意。

这个独特点子的发明者叫戴维·吉赛尔斯，他是比利时的一个市场主管。这个方案每次允许 22 个就餐者就座，之后他们会被安全地送到高空，等待站在桌子中央通道上的服务员为他们提供服务。你甚至可以邀请一名歌剧演员上来为你的客人助兴。或者你可以再雇一架起重机搭起一个平台，请乐队演出，这样你就可以伴着音乐就餐了。

花费会依据宴会菜单和额外收费项目的不同而不同，但是在比利时仅需要花费 10 000 英镑左右，而在拉斯维加斯你的账单将可能会达到 24 000 英镑左右。

吉赛尔斯在世界上的 28 个国家出售了此项专利，并且举行了类似的宴会，估计他 2009 年的收入将会达到 100 万英镑左右。他的顾客群体包括那些想给顾客留下深刻印象的公司、想要举办一场非比寻常的宴会的富人等。而他自己并没有安于现状，或许下一个创意将会是"空中婚礼"。

正如听起来很疯狂一样，其基本概念仅仅是对于平凡世界中的一个活动进行一个位置上的（合理的）变动。有时候它就是让人们创造出一些惊人事物的原因。

新法则

84

他们获得了突破性的创意

获得好主意的一种方法是引发一次竞争

在 1996 年，"加利福尼亚基地的 X 奖项的基金会"提出了一个 1 000 万美元的奖项，奖励给第一个成功的私人太空飞行。该奖项最终由"宇宙飞船一号"赢得。在 2008 年，他们又把奖金增至 3 000 万美元，来寻找解决能源、环境、教育以及其他问题的办法。

该基金会的主席兼首席执行官彼得·H. 戴曼迪斯告诉《哈佛商业评论》说，通过竞争可以看到，参赛者不仅是追逐金钱，他们同样也喜欢这种追逐的乐趣、潜在的声望以及人性方面的裨益。赞助该奖项的公司或者富有的个人都愿意把他们的钱用在有用的地方。

这个基金会正在面临着一次巨大突破，他们正在考虑把大奖给予计划类方案的项目，像是在 6 个月的时间里把孩子们的阅读能力大幅度提高到两年后的水平。对于大部分奖项来说，每个人都可以参加，这样可以确保把那些甚至于有"疯狂"想法的人们都考虑在内。

当然，不是所有的个人或组织都能负担得起这类奖项，因此该基金会正在探索新方法，如设立一些小的奖项，奖金在 1 万美元到 100 万美元之间，用于解决当地的一些问题。

你可以根据自身的财务状况设立一些更小的奖项。你可能会很震惊地看到，只要是对获胜者有着某种认同，哪怕只是（在财务上）花了一点点钱，就能激励人们想出一些好点子，帮助你解决挑战。这将是一种很棒的方法，你可以利用那些有创新思维人们的能力，这对每个人来说都是双赢的结果。

85

他结合了两种趋势，创造了第三种

你可以通过结合两种趋势，创造新的商机

第一种趋势：富含维他命和矿物质的食物。

第二种趋势：人们愿意在他们的宠物身上花更多的钱。

迈克尔·贾娜妮发现了这些趋势，并且找到了结合它们的方法。他的产品是 Dogswell，一种富含营养的狗粮，能帮助宠物们保持健康。2004 年，他个人投资了 30 000 美金（约合 20 000 英镑）生产出了第一批样品狗粮，并且把它们放到了加利福尼亚州大约 200 个宠物专卖店出售。

订单接踵而来，第一年他总共赚了大约 338 000 英镑，并且估计到 2008 年，他的总收入会超过 1 400 万英镑。那将会是多少狗粮啊！他的下一个产品也许会是：Catswell！

迈克尔·塞恩兹，"来泽—艾维尔品牌小吃公司"的共同创立者，做出了类似的事情。这一次他是把两种直接对立的趋势结合到一起。

第一种趋势：人们喜欢吃小吃。

第二种趋势：人们想少吃垃圾食品。

他的解决办法就是提供一种富含各种垃圾食品口味，但是又不含大量防腐剂和高能量成分的小吃。公司的座右铭是"停止吃坏点心"！他结合这两种趋势，结果仅仅在三年时间里就达到每年销售额超过 1 400 万美元（大约 100 万英镑）的收益。

大多数关注趋势发展的人都只是尝试利用其中的一种趋势，因此会面临着大量的竞争。如果你能像贾娜妮和塞恩兹那样找到结合两者的方法，你就很有可能发明出一种独一无二的产品或服务。

86

他们发现了那些没有得到服务的客户

寻找那些没有得到服务的客户
——为他们提供服务

威尔·拉姆齐喜欢美术，但是他发现大多数画廊里的氛围让人感到不受欢迎或者是令人厌恶。他确信其他人也一定有着同样的感觉，因此他于 1999 年在巴特西公园举办了"可负担的艺术品展览会"。首次就吸引了 10 000 名参观者，他们可以在一种友好、非正式的氛围中漫步，可以欣赏到明码标价的、没有一丝势利色彩的艺术作品。

现在"可负担的艺术品展览会"在伦敦每年举行两次，在布里斯托尔、阿姆斯特丹、巴黎和纽约每年举行一次，并且会联合其他画廊在悉尼和墨尔本举行展出。其展出的艺术作品价位在 50 英镑到 2 500英镑之间，每一次展览都会有 150 多名艺术家参与。

另一个例子是由保罗·斯坦因创立的 Holidaytaxis. com 公司。在地中海地区做了几年假期推销员之后，他意识到有许多度假的人，把他们的第一时间都花费在到达目的地之前的车辆中转以及一系列的酒店中转上，这可不是一个度假的良好开端。同时，许多游客也对当地的出租车服务表示怀疑，他们害怕司机故意延长路线，或者多跑很多路。他的解决办法就是成立一个公司，并允许游客们提前预订出租车等候他们到来，而且所有的费用都是明码实价。

这个公司一举成名，现在 30 多个国家都有经营。未被满足的需求并没有减少——缺乏的只是有创造性思维的人，他们要去发现这些需求，以及想法满足它们。

87

他处理脏物——产生整洁

有时候做事物相反的一面可以产生新的解决办法

大家都熟悉涂鸦。有人认为它是艺术，有人认为它是破坏公物：肮脏（有时候是字面含义，有时候是比喻意义）的信息也能够污染环境。

艺术家保罗·柯悌斯转了 180 度视角来看待这个问题。通过他的名为"驼鹿"的涂鸦作品，柯悌斯创建了他的信息：通过涂鸦来清理城市表面环境，让被清理好的部分变成图像。他的作品在利兹、西尔狄区、伦敦和他的公司所在地——斯姆博林科斯都有展现，他还受雇为一些如微软、Lageo 等公司做广告宣传画。

他使用蜡纸模板、刷子、水以及砂纸和剃须刀片等工具来创造图像和文字，他可以在包括人行道、隧道在内的任何乌黑的、肮脏的表面作画。

曾有一度，利兹城市委员会要求通过法律来阻止他，但是实际上，你不能因为人们清洁物体的表面而逮捕他们。从那以后，他还为伦敦警察厅、苏格兰和英格兰政府作画，并且还把他的业务扩展到了纽约。

这个富有创造力的人选择了一个与大众做法相反的职业，并且发现了成功的秘诀。想想大多数人都在做的事物的相反一面是什么，这也许就是你下一项重大突破的起点。

法则

88

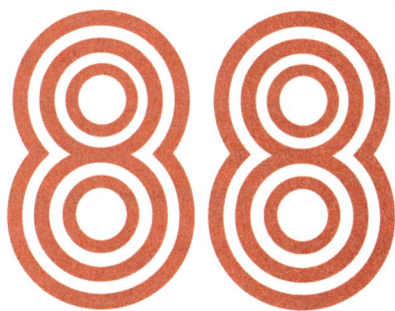

他把干家务变成了做游戏

> **当你把要做的事情变得有意思时，
> 你就很容易完成它了**

位于伦敦的网站设计者凯文·戴维斯就同一群不愿意干家务的怪胎们生活在一起，他因此就想出了一个办法把干家务变得很有趣。那就是 2007 年网站 chorewars.com 建立的原因。在那个网站上，打扫房间已经变成了在线游戏的一部分。

当你注册后，你先要选择一个身份，表明哪种家务你干得最好。你家里的其他人也要注册，形成一个团队。

你所选择的家务活就会变成游戏的一部分。不是简单地加载洗碗机，你要"加载可进行陶瓷清洗的、施过魔法的碗橱"，每干完一次家务活都会给你赢得金币。沿途你会遇到小妖精或者怪物，你会发现财宝或者参与战斗（是随机的）。当你赢得了足够多的金币时，你就升了一级，会有更好的体力。

这项服务是免费的，或者你可以注册"金币账号"，这样就可以把你的团队成绩记录长时间保存下来（一次需要花 10 美元）。

有 70 000 多人注册了这个游戏。有一组同屋人说道："现在我们的房子闪闪发光，彻底干净了！我们所要做的就是把它当成一项竞赛。那些着迷的人甚至相互打击！"

在你的兴趣领域，人们不喜欢做什么呢？找出怎样使它们变得受欢迎会给你带来财富吗？

89

这是一次针对个人的服务

"量体裁衣"的感觉会使你盈利

乔安娜·维维尔是这样向我描述她的生意的:"在马德里居住了6年以后,我觉得是时候证实这个事实了:我是一名英国人,而且居住在西班牙,爱好西班牙语。因此我就想到一个办法,把这两种文化结合起来。"

她的公司名为"知情人士眼中的马德里",网址是 www.insidersmadrid.com。她组织了大大小小的旅行团和各种事件来吸引说英语的人们访问西班牙。她说:"尽管我亲自指导人们如何跳弗拉门戈舞、如何斗牛、如何参加西班牙美食佳酿之旅,我还是忙于跟那些擅长不同领域技能的人们接触,让他们给予我帮助。"

她们公司使用的场址,以及配备的导游,都按照人们的兴趣表现出各种各样的变化。例如,她说:"我刚刚拜访了一名贵族,当滚石乐队过去在西班牙北部演出时,他常常安排他们居住在他乡村的庄园里。我们计划在他马德里的家里组织一场鸡尾酒会。"另外一个选择是在一个晚上,到伯纳乌球场观看"皇家马德里队"的比赛,并且提供预先调制好的鸡尾酒。

如果你是一名摇滚乐迷、弗拉门戈舞迷、足球迷或者他们组织的其他特别活动迷的话,这场旅行是不是听起来要比普通的西班牙之旅更令人兴奋呢?

关键是要使顾客们感到这些服务就是为他们而设的。他们不仅愿意为保险费付钱,他们也愿意为了一些当他们返回家乡时,可以向朋友们津津乐道的事情付钱——这也是一种无须花钱的、口口相传的广告形式。

法则

90

他玩出了"最大的书"

人们经常对被"最"字形容的
一切东西都感兴趣，比如最大、最好

由克拉肯·斯博茨和媒体出版社出版的一本书大到了让人匪夷所思的地步。这本书有多大呢？好吧，这本书重达40千克以上，接近2平方英尺的面积，共有850页那么长。哦，是的，这本书的成本大概是1 400英镑（保守估计）到70 000英镑左右。

这本书的出版商——卡尔·福勒，并不把它称作一本书，他称它为一部著作。其中的一个例子是《奇画廊历史》这本书，这本书的特色是收录了1 000多张画作和一些来自著名的艺术评论家和收藏家的文章，它被珍藏在一个密封的木箱中。这是一个有950个独家编号的限量版的产品，每一个都是由查尔斯·萨奇亲自编号和签名的。这本书的价格是2 250英镑。如果你口袋里没有那么多钱，不用担心，他们有更便捷简单的支付计划。你可以在伦敦中心区广场的哈罗兹或者欧帕斯商店拿到复印本。

福勒曾对《时代》周刊说过："我们正在做一件史无前例的事情，这将成为一个标志。"其实他这样说并没有言过其词，因为《时代周刊》报道，曼联的欧帕斯商店已经销售了价值100万英镑的商品。

如果你把它们看作是书籍的话，那么显然价格听起来太疯狂了。但是实际上它们是包含了一些独一无二的画作的艺术品。福勒曾说过，他们的利基营销策略几乎能抵挡住任何的经济衰退状况。编号为777的《曼联传》价值数百万英镑，而在中东地区777被认为是一个幸运数字。所以当你听到这本收藏集被一位来自中东的收藏家购买时，一切都很有道理了。

所以结论是这样的：总有一些人愿意为最大或者最好的，以及那些几乎很少人拥有的东西付出大量的资本，这就是非常有潜力的利益点。

法则

91

他们让旅行不再沉重

> # 给一项日常服务附加上不同寻常的
> # 价值能够让它变得更加突出

大概十年前凯文和贝尔玛·马歇尔在一个十分迷人的、很有历史意义的镇上买了一所 1812 年的殖民地时期的房子，并且把这所房子变成了一个能给游客提供住宿外加早餐的地方。到目前为止，这一切都是那么寻常。让这次冒险变成巨大成功的是其创造了一个"税收+放松"的套餐。

凯文是一名会计，当你购买了这个套餐之后，你能够在那里住一晚，并享有一次两人份的早餐……他会给你计算税务（只针对美国公民）。当你退房后，他会填完相关表格并且在 10 天以内把税单寄给你。

附加了这项服务后让生意变得不同寻常了。美联社通讯服务部曾经写了一篇文章报道了这对夫妻及他们独特的服务。这导致了美国有线电视新闻网、《今日美国》、《纽约时报》、《华尔街日报》等半数以上的媒体对此事进行了进一步的报道。结果这对夫妇拥有了大量的顾客，他们中的许多人每年都会订一间。从此以后这对夫妇不需要做更多的宣传广告了。

大多数这种只提供住宿和早餐的老板们可能考虑为了让服务变得更突出，会增加平板电视或者菜肴更丰富的早餐菜单，但是这些仅仅是更进一步的改进。真正吸引人眼球的是增加一些人们期望不到的或者是不同寻常的东西。尽你所能，你能增加一些什么呢？

法则

92

他们让人迷恋他们的产品

> **尽你最大的可能让人们了解你的产品**
> **——如果他们喜欢它，他们就会为它付更多的钱**

1999 年，莫比的专辑《玩耍》卖得不好。他许可专辑中全部 18 首歌曲可以随便用在商业服务、电视节目或者电影中——这是第一次有人这样做。当人们接触到这些音乐时，开始变得喜欢它们，慢慢地想要听到更多的音乐，结果就会去购买。他的专辑也因此销往全世界，销量超过了 1 000 万。

韦恩·古尔德虽然没有发明"数独"游戏，但的确是他让"数独"游戏变得流行起来。当他在东京看见一本"数独"书时，他被这本书迷住了。他编写了一个电脑程序，能够形成"数独"题并且评估它们的难度。他成立的 Pappocom 网站上的"数独"题被国际范围内超过 400 家的报纸引用。但他从未向这些报纸收取费用，而是让"数独"题免费开放——只要这些报纸和杂志能够提到他的书籍跟电脑程序。喜欢做"数独"题的人们会想要得到更多的"数独"题。因此，古尔德的书籍销量也超过了 400 万册。

在这些例子中，销售的方法成了产品成功的一把钥匙。尤其是当你用来销售产品或服务的传统方式被过分使用或者成本太高时，你更应该考虑如何才能让你的顾客们接触到产品。正如莫比跟古尔德的例子，一旦你让他们被你的产品吸引住了，他们就会想得到更多。

法则

93

她改变了媒介，他们就获得了信息

> ## 给一种产品或者服务提供一种新的媒介，
> ## 将会使它焕然一新

朱丽叶·哈克的公司——哈克集团，是一家位于洛杉矶的图片设计公司。该公司有一项独特的使命：使法庭上复杂的证词变得更加容易令人理解。为了达到这个目的，他们使用了一切能够使信息表达更清楚和更有说服力的方法，包括采用磁板、幻灯片、图片、音频文件等方式。

正如他们的网站（www. thehuckgroup. com）上介绍的那样，他们的工作流程为：化繁为简，找出事件的关键因素或者"决定性因素"，并以现有的线索作为基础把事件还原到生活中。这一切都基于这样一个前提，即人们的理解力和视觉的信息接受力比单纯的语言信息更有效果。

该公司在经营业务时，也尝试使用在视觉上更有说服力的讲故事方式。同样他们也用故事书的方式来阐释他们的经营模式和以往的工作样本。这种模式导致了他们的工作涉及很多引人注目的案件，并且使得他们的营业额每年都超过 100 万美元以上。

无论他们的客户是一个陪审团，一个供资实体，还是单一的顾客，他们的市场和销售工作的核心内容就是讲故事。你想要讲述一个什么样的故事呢？你怎样才能把它更有效地讲述出来呢？

法则

94

她回到了未来

> **我们可以通过重新发现那些被搁置的产品或服务的价值来谋取利益**

很久以前，礼仪被认为是很重要的，孩子们被期望能知道如何在不同的环境中做到举止得当。2000 年，美国人柯里恩·格里格利认为是时候恢复那种想法了，并且成立了一个公司——名为"有礼貌的孩子"。这个公司提供了一种叫做"聪明社交"的程序，致力于"培养各年龄段的孩子（从幼童到少年）优秀的社交技能。"

该程序通过公立学校、私立学校以及设立私立班和向全国所有被授权的供应商提供。他们宣称该程序可以带给年轻人强烈的自尊、自信以及处理大量的社交活动和社交状况的能力。

随着校园内暴力和一些恃强凌弱事件的增多，孩子们的行为看起来似乎正在逐渐失去控制。对于这项服务，这个公司甚至可能找到更多潜在的需求对象。

在你的舞台上，有什么已经失去了或者已经不再时髦了的东西吗？是到恢复它们获取利益的时候了吗？

95

她从"对抗"转为"合作"

和你的竞争对手合作能够创造双赢的局面

瓦莱丽·杨是"改变经营之道课程"（www.changingcourse.com）的创建者。在网站上，她通过出售"梦想加速器套装"来帮助人们发现他们真正的使命或职业。当她想录制一张 CD，来告诉那些有抱负的企业家们，如何在不打击竞争对手的情况下，实现自己的梦想时，她遇见了两个十分强大的竞争对手。她设法接触到了这两名非常成功的对手——芭芭拉·赛尔（《如果我知道了它是什么，我能做任何事》一书的作者）和芭芭拉·温特（《没有工作，如何谋生》一书的作者）。她们接受了她的请求——她们三个人一起去录制这张被叫做《让梦想发生》的 CD 并且分享这张 CD 带来的利益。

在给《企业家》杂志的一封信中，杨指出女人们似乎对这种合作表现得更加坦率，她指的是很多女人都信仰：如果把成功定义为是"为了让我赢，其他人不得不输"的这种观念是错误的。

谁是你的竞争对手？在一个可能对你们所有人都有好处的冒险中，你是怎么合作的？

96

他开启了他的创造力

有时候，简化问题是开启财富的关键

你曾用过密码锁吗？你曾经忘记过那些数字密码吗？我们大多数人都发生过这种事情，就是这件事给予了发明者——托德·伯施理"字母锁"这个想法。正如名字所示，它是一个采用字母而不是数字的密码锁。例如：对于数字54710，这个字母锁识别的是"beach"——你发现哪个更容易记忆呢？

这项发明使得伯施理赢得了史泰博2004年发明需求大赛的冠军。奖金是25 000美元再加上同意在所有史泰博的专卖店和它的官方网站上出售字母锁。在那之后，这种字母锁进入了生活的各个方面，包括行李箱的锁、自行车的锁、挂锁和电脑锁等。

像很多突破一样，这是那些"为什么其他人之前没有这样想过？"的想法之一。正如网站（www. worldlock. com）上所指出的"这是自从19世纪以来，没有看到任何改变的一个领域的创新"。

在你的舞台上，有什么样的产品或者服务能够被简化或者更容易使用呢？

97

他为了"罪恶"铤而走险

表现出来（而不仅仅是诉说），能够赢得转机

弗兰克·米勒，《罪恶之城》系列图片小说的作者，告诉他的朋友们这些小说不可能被拍成真人电影。他拒绝了所有来自好莱坞导演的邀请，直到一位年轻的导演罗伯特·罗德里格兹的出现，改变了他的看法。因为罗德里格兹提出了一个独特的建议：拿一天的时间去看看他根据这些小说拍摄一个场景的过程。如果他喜欢他所见到的，那么他们将做一笔交易，给予罗德里格兹拍摄《罪恶之城》电影的权利。如果他不喜欢他所见到的，罗德里格斯将会送给他一部那天拍摄的短片电影作为纪念，同时关于拍这部电影的讨论也将从此结束。

米勒听从了他的意见。他去了德克萨斯州的奥斯汀，在绿屏幕前观看了，包括乔什·哈奈特在内的演员们，表演来自《罪恶之城》的一篇短故事中的一幕。同一天，罗德里格兹通过剪辑，增加音乐和特效，完成了这部三分钟的电影。

此事之后，米勒被罗德里格兹说服了，并且米勒成了这部电影的联合导演。这部于 2005 年在全球上映的电影，票房总收入超过 1 亿美元，并在 2010 年推出了续集。

风险？当然有。如果米勒不喜欢那部短片，罗德里格兹将会陷入他拍摄电影时所花的费用以及其他很多尴尬的困境中。但是，正是因为愿意承担这样的风险，并且展示出了自己能做什么而不仅仅是纸上谈兵，他实现了他的梦想。

如果你想说服他人，仅仅靠语言是远远不够的，你需要怎样用行动告诉他们你能做什么呢？

法则

98

她以母亲的身份赚钱

建立一个明显的一对一关系将为你赢得追随者

马勒·席丽，也被称为"爱自己女士"，每天督促着人们的生活。她每天会给她超过 40 万的追随者发送邮件，提醒他们要起床，清洁水槽，吃健康的食物，并且要好好保护他们的皮肤。平均而言，她的客户主要是美国的中年家庭主妇，她们每天大概收到 15 条像这样的消息。同时，她也在她的网站 www.flylady.net 向她们销售品牌 T 恤、背包、厨房定时器、除尘器、书籍、日历等其他东西。

她每天大约接收到 5 000 封邮件。其中有一个人说："你是我从来都没有过的一位母亲。"就是那种个人链接，使她的客户们感觉到好像她正在直接和他们对话、指导他们、鼓励他们，使他们在家中的日子不再孤单。每当她有了一个新产品的推荐书，她会把它复制到整个邮件列表，然后新的订单将如洪水般滚滚而来。

为了和她的粉丝保持联系，席丽在"Flyfests"上建立了个人主页，她写的个人专栏文章每周会被超过 200 家报纸刊登，还受邀在 worldtalkradio.net 上主持一个卫星广播节目，并且一直在该节目上人气最高。她还写了三本很畅销的书。

做一个代理母亲的报酬也是很不错的。席丽系列现在销售额已经超过了 300 万美元。她雇用了 24 个人，而其中却有 6 个人是仅仅处理所有的电子邮件的。

席丽真的和超过 400 000 人建立了一对一关系吗？显然是不可能的。但是，通过创造一个一对一的感觉，她提供了一个有价值的服务。你是否也有办法做同样的事情呢？

法则

99

他做了让别人疯狂的事

别人不想提供的服务才是最好的服务

如果你曾经试着组装一个平板家具，并试图找出哪里是法兰 A 以及它是如何插入 C 槽的，你将会很感激杰克·波克在 1995 年提出的这个想法。他没有自己动手做，而是雇用了一位杂务工，来组装一些来自宜家公司的平板家具。他意识到：一定有很多人像他一样，对于需要自己动手组装的家具有着相同的需求。

因此杰克·波克的公司——"螺丝刀公司"就这样诞生了。他雇用的都是那些已经退休或者半退休的人。他们会在你打电话后的三天之内到达你的住处，并且组装好家具，装好合适的卷帘，整理好镜子、壁画或者货架以及修理好松散的楼梯扶手。这些工作就像他们说的那样"虽然很小，但是很烦人"。他们在全英国范围内提供这种服务。

为了使这种工作变得更为简单，他们为宜家、栖息地、约翰·里维斯以及其他一些主要的供应商卖出的家具建立了一个数据库。所以当你给他们打电话时，只要报出你的平板家具的型号，他们就能够提供给你一个及时的报价、需要多长时间才能完成以及公司何时会派人去帮你进行安装。

杰克·波克曾告诉《商业生活》杂志说："英国并没有足够的工匠和业余爱好者。在这样一个富裕的社会里，人们愿意为服务支出费用。"在经济萧条时期，这种情况可能会有所改变。但是如果你不知道槽上的法兰，很可能你仍然愿意为这项服务支出费用。

在你的商业或者兴趣舞台上，有没有什么别人不喜欢做的事情呢？你能成为这件事的唯一受益者吗？

法则

100

她让激情引路

凯西·布兰薇一直因为她成功地经营着一家住宅室内设计公司而感到开心。但是一次收容所之行改变了她的生活。她被那里会使她联想到殡仪馆的阴暗环境震惊了。

她觉得这些人应该在他们最后的日子里，生活在一个色彩斑斓的、有创造力的环境中。所以她把她的设计理念转移到了以老年人和有医疗设施保障为主的室内设计上。

这不是一个容易出售的设计理念。作为这个领域的先锋，需要花费很多的时间和努力，使那些管理机构的人们相信这种设计会有着积极的贡献。在她的网站上，布兰薇说道："我们相信，你一生中居住的最好的地方应该是你最后居住的地方……我们相信富有色彩、原创性和创造力的环境能够激励老年人。"他们的设计以天空颜色、大海、风景、柔和的光线和独一无二的细节为特色。

她的公司在 2007 年到 2008 年之间营业额翻了两番。她把这种帮助老年人和病人生活在舒适的、富有活力的环境中的激情，变成了一种有利可图的事业。

追求你心中所想并不能保证你一定能够得到回报，只能保证你会变得更加快乐。因为你追求的是一个拥有潜在利益的梦想，而不仅仅是追求利益。

你是有创造力的，这个世界在期待着你的贡献

　　希望这本书能够让你想出很多新的创意，能够被其他人的所作所为激励，能够想出突破性的想法，并且把它们变成现实。有时候这可能是孤独的探索，也会有挫折和拒绝，但是你应该为你自己和这个世界创造你所能创造的。

　　请登录我的网站 www.jurgenwolff.com，看看更多的关于《创造力》这本书的内容吧。如果你有任何问题，这个网站也是你能联系我的地方，甚至于——更好的是——你可以告诉我你成功地创造了哪些新的、有趣的事情。我相信你能做到，我期待着你的每一次成功！

于尔根·沃尔夫